JN098884

改訂新版

よくわかる
ディジタル回路

春日　健　著

電気書院

まえがき

　本書の目的は，コンピュータの基本回路であるディジタル回路の基礎を理解することにある．コンピュータの構成原理や構成法などディジタル回路を勉強しようとする方々，専門外ではあるがディジタル回路の知識を身につけたい方々を対象に執筆させていただいた．本書では，これらを実現するため，ディジタル数値情報処理や基本回路など，必須の知識を具体例をあげてわかりやすく述べている．

　ディジタル回路は，値の異なる2種類の電圧を情報表現に用いる電子回路のことで，コンピュータの基本回路をさしている．この2種類の電圧には通常，0V付近の電圧（Low）と電源電圧に近い電圧（High）が用いられる．そして，たとえばLowを0，Highを1の2値情報に対応させてそれらの組合せにより数値や文字だけでなく，音声や映像をも表現しているのが現在のコンピュータである．

　コンピュータが行う膨大なデータ処理も，上記の0と1を用いて行われる．たとえば，加算は，0＋0，0＋1，1＋0，1＋1の4通りだけで，われわれが日常用いる10進数の場合と比較してきわめて少ない組合せで行うことができる．しかも，これらの加算は，ディジタル回路の基本論理回路であるANDゲート，ORゲート，インバータを用いた論理演算で実現できる特徴をもっている．その他，減算や大小比較などコンピュータが行うさまざまな処理も，これらの基本論理回路を組合せたディジタル回路で実現できる．

　本書の第1章では，ディジタル技術の基礎と題して，ディジタル表現とアナログ表現を対比させてそれぞれの特徴を述べている．第2章では，ディジタル回路での数表現である2進数を中心に正と負の表現法やわれわれが用いる10進数との相互変換について学ぶ．第3章で

は，理解しやすいようにダイオードを用いた AND ゲート，OR ゲートを紹介するとともに，実際に使用される CMOS トランジスタを用いたインバータ，NAND ゲート，NOR ゲートを示している．第 4 章では，数学を論理演算に応用したブール代数について述べる．このブール代数は，ディジタル回路の解析や設計には必須である．第 5 章では，入力の値だけで出力値が決定する組合せ回路を理解する．第 6 章では，5 章で学んだことを基礎として，代表的な組合せ回路を理解する．第 7 章では，コンピュータの基本演算である加算を行うための加算器について述べている．第 8 章では，自動販売機のように，過去の入力系列が記憶されていて，その状態と現在の入力によって出力と新しい記憶状態が決定される順序回路について述べている．ここでは，情報を記憶する回路としての各種フリップフロップを理解する．第 9 章では，代表的な順序回路として，計数に用いるカウンタや情報を一時的に記憶するレジスタについて学ぶ．第 10 章では，順序回路の設計例としてカウンタを取り上げ，2 つの異なる設計法を紹介している．第 11 章では，アナログ信号をディジタル信号に変換する A/D コンバータとディジタル信号をアナログ信号に変換する D/A コンバータについて述べている．

章末問題は，知識を確実なものとするため，また発展的に理解を得るためにぜひ実施していただきたい．

また，より多くの演習問題を通して知識を確認したいと考えるならば，拙著『ドリルと演習シリーズ ディジタル回路』（電気書院）をお勧めいたします．

本書を執筆するにあたり，貴重なご助言を賜りました東北大学名誉教授の樋口龍雄先生並びに東北大学大学院情報科学研究科科長の亀山充隆教授に深く感謝申し上げます．また，巻末に掲げました文献を引用または参考にさせていただきました．これらの著者の方々に心から

厚くお礼申し上げます.

　今回，執筆の機会を与えていただきました株式会社電気書院の田中建三郎氏をはじめ，執筆に関して忌憚のないご意見を賜りました金井秀弥氏，久保田勝信氏に感謝いたします．また，編集部の田中和子氏には原稿の校正に際し，終始適切なご助言を賜り感謝申し上げます.

　最後に，先送り的になっていた原稿の執筆について，温かくまた辛抱強く見守っていただきました株式会社電気書院の田中久米四郎社長に深謝申し上げます.

平成 24 年 12 月

著者

改訂版にあたって

　本書は 2012 年の初版から，すでに 10 年を経過した．この間半導体技術のめざましい進歩やソフトウェア技術の急速な進展により，自動車や航空機，ロボットなどにおいては多くのマイクロプロセッサが搭載されている．一方，経済予測や気象予報，ゲノム解析などではスーパーコンピュータが活躍し，われわれの生活に欠かせない存在となっている．これらのコンピュータの基本回路はディジタル回路と呼ばれ，0 と 1 の 2 値論理に基づく論理ゲートで構成されている．今回の改訂版でも，ディジタル回路の本質的な部分に変わりはなく，ディジタル回路設計の基礎知識を習得できるように構成している．

　一方，現在のディジタル回路設計は，CAD システムなどを用いた回路図による方法ではなく，ハードウェア記述言語を用いた方法がより一般的である．改訂版では，このような観点から，ハードウェア記述言語の一つである VHDL を取り上げ，FPGA 内の回路構成が VHDL を用いて実現できることを解説している．

　なお，今回の改訂で論理記号の形状を修正したが，一部，視覚的にわかりやすい古い図記号を踏襲した．

　令和 5 年 10 月

著者

目　　次

● v ●

第3章　基本論理回路　　　*33*

第4章　ブール代数と基本論理演算　　*51*

第5章　組合せ回路　　*61*

第 6 章　代表的な組合せ回路　　77

第9章　代表的な順序回路　　*135*

第10章　順序回路の設計　　*151*

第1章　ディジタル技術の基礎

　近年の電子・情報・通信技術の急速な進歩にともない，携帯電話やスマートフォンなどの情報機器がわれわれの生活の中で広く利用されている．これらの情報機器の中心的な働きをするのがコンピュータである．すなわち，コンピュータは情報機器の心臓部である．また，これらの情報機器は，ネットワークを通して他の情報機器と接続されている．

　このコンピュータを構成している基本回路がディジタル回路である．ディジタル回路では，入力信号の有無によりディジタル的に動作する．ここで扱う情報は，信号の有無に応じて0と1の符号の組み合わせで表現される．また，それらの情報を用いて行われる加算や乗算などの処理は，すべてディジタル情報のまま行われる．

　さて，すでに普及している地上デジタル放送は，ディジタル信号をアナログ信号である電波に乗せて送信し，ディジタル信号を取り出して放送する方式である．現在では，アナログ信号である音声信号も映像信号もディジタル信号に変換されてさまざまな処理が行われている．なお，ディジタルはデジタルとも表記され，地上デジタル放送というように用いられている．

　本章では，ディジタルとアナログについて述べ，次にディジタル回路とアナログ回路について概説する．

☆この章で使う基礎事項☆

基礎 1-1　ディジタル信号とアナログ信号

- パルス……脈拍のように断続する電圧（または電流）
- ディジタル信号……データを電圧（または電流）の有無（離散的）で表したもの
- アナログ信号……データの大きさが連続的に変化する信号

基礎 1-2　バイポーラトランジスタ

バイポーラトランジスタにはベース，コレクタ，エミッタと呼ばれる 3 つの端子がある．入力電流で出力電流を制御するトランジスタで，キャリヤが電子と正孔の 2 つである．

基礎 1-3　MOS（metal oxide semiconductor）トランジスタ

MOS トランジスタは，ゲート，ドレーン，ソース，基板（サブストレート）の 4 端子をもつが，基板電極はグランドまたは電源に接続することが多く，省略されることがある．入力電圧で出力電流を制御するトランジスタで，キャリヤが電子か正孔のどちらか 1 つである．キャリヤが電子なのが nMOS トランジスタで，正孔なのが pMOS トランジスタである．MOS トランジスタにはゲート電圧の増加でドレーン電流が流れるエンハンスメント形とゲート電圧がなくてもドレーン電流が流れるデプレション形がある．ディジタル回路で多く用いられるのはエンハンスメント形で，本書で取り上げる MOS トランジスタはすべてエンハンスメント形である．

1-1　ディジタルとアナログ

　われわれがディジタルとアナログという言葉を聞いて真っ先に思いつくのは，時計ではないだろうか．

　ディジタル時計は現在時刻を直接数値で表示する．たとえば，時と分と秒を表示するディジタル時計が2時15分50秒を表示しているとき，次の時刻表示は2時15分51秒となる．この50秒と51秒の間には連続的に変化する量があるわけだが，ディジタル時計では不連続なステップ状に変化した表示となる．すなわち，ディジタル量は近似的に表現するということでもある．

　一方，アナログ時計は，長針も短針もその間を時間の経過に比例して連続的に変化し，指針が文字盤のどの位置にあるかで時刻を表している．このように，時間的または空間的に連続して変化する量をアナログ量といい，このような表現法をアナログ（analogue）という．アナログとは，英語のanalogous（類似して，相似の）に由来している．時計以外にも，浴槽に入れたお湯の温度で，たとえば38℃と39℃の

写真 1-1　アナログ式時計とディジタル式時計

間には 38.5 ℃や 38.51 ℃など値は無数に取りうる．また，浴槽に入れたお湯の量や浴室の湿度，浴室の電球に加わる電圧などはすべて連続的に変化するアナログ量である．

　ディジタル（digital）という言葉は形容詞で，その名詞であるディジット（digit）は，数字，桁，指を表す言葉である．コンピュータ内部で 1 または 0 のデータを記憶する際，そのデータの記憶場所は有限である．たとえば，32 ビットのコンピュータは，一度に処理できるビット（2 進数 1 桁）数が 32 を表している．この場合は 32 桁で情報を扱うことになるが，この桁数を増やしたとしても，桁数が有限であるので誤差を含む近似表現となる．この有限な桁の数値で表された量をディジタル量といい，このような表現法をディジタルという．ディジタルを用いた方法には，デジタル放送，デジタル回線，デジタル署名などがある．

　人間の指は両手，両足それぞれ 10 本ある．手の指を折って 1 つ，2 つと数え上げることは，飛び飛びの数値として情報を表すため，アナログ情報が連続的なのに対して，ディジタル情報は離散的と呼ばれる．すなわち，ディジタルの世界は数字の世界である．たとえば，われわれが日常用いる 10 進数表現では，0，1，2，…，9 の次は 1 桁増えて 10，11，12，…と数え上げる．一方，コンピュータでは，第 2 章で解説するが，0 と 1 だけの 2 進数が用いられ，0，1 の次は 1 桁増えて 10（イチゼロ），11（イチイチ），その次はさらに 1 桁増えて 100（イチゼロゼロ），101（イチゼロイチ），…と続く．一般に，n 進数では，0 から $n-1$ までの数を何桁か並べて表現される．このように，ディジタルとは，ある量を表すのに，その量に該当する数字で表現するやり方である．

　自然現象をこのような 2 値で表現することでコンピュータ処理が可能になる．たとえば，電圧があるレベルより高いか低いか，スイッチ

がオンかオフか，ランプが点灯か消灯か，電流が流れているか流れていないか，磁界が時計回りか反時計回りか，磁場がN極かS極かなどそれぞれについて2つの状態を1と0に対応させることができる.

写真 1-2　交流電圧計（アナログ表示）（左）【YOKOGAWA】とディジタルマルチメータ（ディジタル表示）【TEXIO DL-2040】

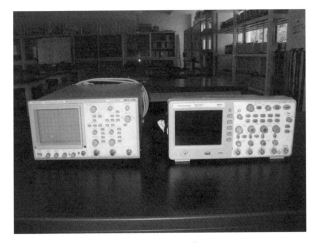

写真 1-3　アナログオシロスコープ（左）【IWATSU SS-7802，20MHz，2チャンネル】とディジタルオシロスコープ【Agilent Technologies DSO1004A，60MHz，4チャンネル】

たとえば，電圧で表現する場合では，ある電圧レベル以上の信号を1，それ以下の信号を0として扱う．

> ● アナログ……ペットボトルのジュースを飲むと，ジュースは連続的に減少する．このように連続的に変化する信号などを連続的な量で表現すること．
> ● ディジタル……信号を数字の1と0の離散的な数量に基づき，表現すること．

1-2　ディジタル回路とアナログ回路

　ディジタル回路は，0と1の不連続な2つの状態を扱う回路であり，入力と出力には線形的な関係はない．このようなディジタル的な変化をするものとして，お金がある．1円，5円，10円，50円，100円などと数値を取り扱うディジタル量である．また，身近にある蛍光灯は，スイッチのオンとオフによって点灯または消灯の2つの状態をとる．蛍光灯が点滅の動作をすることや，スイッチオンで点灯しない事態は正常な動作では起こり得ない．

　一方，アナログ信号を扱うアナログ回路では，入力と出力が線形関係をもっている．たとえば，オーディオアンプは，入力信号の電圧や電流，または電力を増幅して出力する電子回路である．音声信号などの入力信号をそのままの形で増幅してスピーカから音を出すので，入力信号を時間，振幅とも連続で扱い，入力と出力は比例関係にある．すなわち，アナログ回路は，信号の時間的な変化を連続的にとらえて処理を行う回路である．

> ● アナログ回路……信号の時間的な変化を連続的にとらえて処理を行う回路．

> • ディジタル回路……ある電圧レベル以上の信号を 1，それ以下
> の信号を 0 として扱う回路.

　図 1-1 にアナログ信号とディジタル信号について，それぞれの特性
の特徴的な違いを示す．この図からわかるように，ディジタルでは途
切れ途切れの離散的な量（多くは電圧）を扱い，この量に基づいて構
成される電子回路がディジタル回路である．たとえば，5 V を High，
0 V を Low とし，この 2 種類の電圧のみを扱うことでさまざまな機
能を実現する回路がディジタル回路である．さらに 5 V を 1，0 V を
0 とし，この 2 種類の情報だけを送る場合を考える．たとえば，0 を
伝えるために 0 V を送っている途中で，ノイズの影響により電圧が
0 V から 0.5 V に変化したとしても，おそらく 0 V が送られたに違い
ないと推測できる．これは離散的な 2 つの値だけを扱うディジタル方
式だからこそ可能となる．しかし，送信中にデータの一部が欠落した
場合では，それが 0 か 1 かはわからない．一方，アナログ方式では，
データの一部が欠けたとしても，本来のデータを推測できる場合があ
る．これはアナログ信号が連続量であるからである．

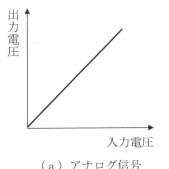
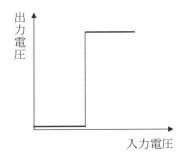

（a）アナログ信号　　　　　（b）ディジタル信号

図 1-1　アナログ信号とディジタル信号

　世の中，音楽や映像の世界ではカセットテープから CD，ビデオ
テープから DVD などアナログ機器からディジタル機器へと移行して
いる．ビデオテープやカセットテープは何度も見たり聞いたりするう
ちにテープが摩耗し，その結果ノイズが発生する．一方，CD や
DVD は非接触でデータを読み書きするので摩耗などによるデータの
消失は原則として起こらない．このような理由により，従来，アナロ
グ処理が主流であったオーディオの分野でも，PCM 録音のようにア
ナログの音声データをディジタルの 0 と 1 の組み合わせに変換する方
法が一般的である．この方法を用いると，音量を上げる場合にアナロ
グで一般に増幅と呼んでいることが，ディジタルでは数値の加算で行
われる．たとえば，音量を 2 倍にするためには，もとの数値同士を加
算すればよい．このように，ディジタルの世界ではさまざまな処理は
すべて演算，しかも基本は加算によって行われるが，これについては
第 7 章で解説する．

　ところで，世の中にあるすべてのものはアナログ量である．たとえ
ば，人の声などの音声自体はアナログ量，映像自体もアナログ量であ
るが，CCD カメラなどで光に応じた電荷として検出されてコン
ピュータで処理するのに都合のいいように変えたものがディジタル量
である．しかし，ディジタル化はあくまでも離散的な表現であるので，
いかに精度よく表すかが重要となる．アナログ量をディジタル回路で
扱えるようにするには，アナログ量をある刻みを単位としてきわめて
多くの桁からなるディジタル量と見なして入力する必要がある．この
桁数が多ければ多いほど，アナログ回路の場合とほぼ同等の出力結果
が得られる．さらに，コンピュータで処理された結果をアナログ量に
変換する際もできるだけ精度よく行われる工夫が必要である．

　ディジタル回路で構成されるコンピュータの登場により，従来の機
械的なメカニズムによる処理と比較して，より複雑な機能を実現する

ことができるようになった．一例として，自動車におけるエンジンの
回転数制御がある．昔の自動車には気化器の吸気量を調整するのに
チョークと呼ばれるつまみが運転席にあった．現在では，エンジンの
回転数，吸気量の調節など最適な設定があらかじめコンピュータにプ
ログラムされ，電気的信号をディジタル的に処理することで自動的に
制御が行われている．測定器の分野でも，以前はアナログオシロス
コープであったものが，ディジタルオシロスコープへと変遷し，そこで
得られたディジタルデータをコンピュータに取り込んで利用すること
ができるようになった．

　歴史を振り返ると，アナログコンピュータが用いられていた時代も
あった．アナログコンピュータは，数値情報を 0，1 に変換しないで
入力から出力まですべてにおいてアナログ量をそのまま演算処理する
ものである．所望の演算は，加減算や微積分を行うアナログ電子回路
を演算増幅器によって構成し，それらを組み合わせて実現される．一
般に，ディジタルコンピュータに備わっている入出力装置のキーボー
ドやマウス，ディスプレイはなく，入出力ともに電圧を扱う．すなわ
ち，加算回路もアナログ回路で構成され，加算で 2 ＋ 1 は例えば 2 V
の入力電圧と 1 V の入力電圧の和 3 V として実現される．しかし，
アナログ回路はディジタル回路と比較して雑音や温度変化など環境に
依存しやすいことも知られている．アナログコンピュータでは，電源
電圧の変動や外部からのノイズ，あるいは素子の特性の変化から上記
の加算結果が正確に 3 V となることはない．実際には，3.001 V とか
2.998 V といった値になることが予想される．アナログコンピュータ
にはこのような不安定さがあるため，おおよその値を知る場合には役
立つが，高い精度を必要とする場合にはやや不向きである．**図 1-2**，
図 1-3 はディジタルコンピュータとアナログコンピュータを用いて加
算を行う場合の様子をそれぞれ示したものである．

入力 2, 1　　加算　10＋01＝11　　出力 3

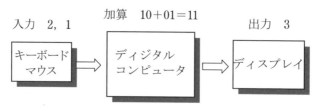

図1-2　ディジタルコンピュータ

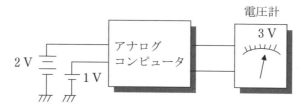

図1-3　アナログコンピュータ

　多くのディジタル制御システムの入出力においては，アナログ回路が用いられている．それらをディジタル回路で扱うためには，アナログ量をディジタル量に変換する回路が必要である．アナログ量をディジタル量に変換するA/Dコンバータやディジタル量をアナログ量に変換するD/Aコンバータについては第11章で述べる．

1-3　半導体素子

　ディジタル回路を構成する素子には，ダイオード，トランジスタ，抵抗，コンデンサ，コイルなどがある．この中で，ダイオードやトランジスタはスイッチング素子として用いられる．ここでは，ディジタル回路を学ぶための基礎として，ダイオードとトランジスタについて述べる．

(1)　ダイオード

　半導体は，導体と絶縁体の間の電気抵抗率を有する物質で，温度が上昇すると，半導体の電気抵抗率は減少する．半導体となる代表的な

物質にシリコンがある．シリコンは，最も外側の軌道に価電子と呼ばれる4つの電子を有している．また，シリコンだけからなる半導体を，真性半導体と呼ぶ．電子が熱や光などのエネルギーにより共有結合を離れると，物質内を自由に移動できる自由電子になる．電子が移動した位置にプラスの電気を帯びた正孔（ホール）が形成される．

　真性半導体に5個の価電子をもつリンまたはヒ素を加えた半導体は，共有結合の際に余剰となる自由電子がキャリヤとなるため，n形半導体と呼ばれる．一方，真性半導体に3個の価電子をもつインジウムまたはホウ素を加えた半導体は，キャリヤが正孔となるため，p形半導体と呼ばれる．

　ダイオードは，2つの端子をもつ最も基本的な半導体素子で，**図1-4**（a）に示すように p 形半導体と n 形半導体を接合した構造で，**図1-4**（b）はダイオードの図記号である．ダイオードの p 側はアノード，n 側はカソードと呼ばれる．n 形半導体内にはマイナスの電気を帯びた自由電子があり，p 形半導体内にはプラスの電気を帯びた正孔がある．

（a）pn 接合　　　　　　　　　（b）図記号

図1-4　ダイオード

　アノードにカソードより高い電圧を加えることを順バイアスという．順バイアスをかけると，アノードからカソードに正孔が移動する．すなわち，電流が連続的に流れる．一方，アノードにカソードより低い電圧を加えることを逆バイアスといい，アノードとカソード間に電流はほとんど流れない．ダイオードは，一方向のみに容易に電流を流す

ことができる単方向素子である．一般に，一方向にのみ電流を流す働きを整流作用という．

　図 1-5 は，シリコンベースのダイオードの $V-I$ 特性曲線である．順バイアス（V_F）が約 0.7 V より低い場合，電流はほとんど流れない．しかし，順バイアスが約 0.7 V を超えると，電流が急激に増加する．また，印加された逆バイアスがある一定のレベル（$-V_B$）を超えると，急に大量の電流がダイオードを流れる．この電圧は，降伏電圧またはツェナー電圧と呼ばれる．

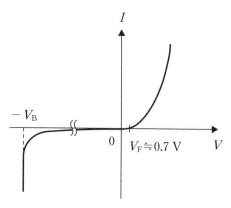

図 1-5　ダイオードの電圧-電流特性

⑵　バイポーラトランジスタ

　バイポーラトランジスタは，p 形半導体と n 形半導体の組み合わせで構成される 3 つの端子をもつ半導体素子である．

　バイポーラトランジスタには，**図 1-6** に示す pnp 形トランジスタと npn 形トランジスタの 2 種類がある．例えば，npn 形トランジスタは，n 形半導体からなるエミッタ（E），p 形半導体からなるベース（B），および n 形半導体からなるコレクタ（C）を有する．トランジスタの図記号で，矢印は電流の向きを表している．pnp および npn 形トランジスタは，電流の向きが異なるが，基本的な動作は同じである．

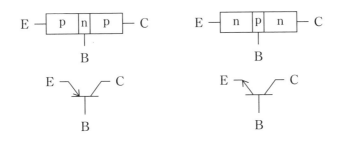

（a）pnp形トランジスタ　　（b）npn形トランジスタ

図1-6　バイポーラトランジスタの基本構造と図記号

　図1-7に示すnpn形トランジスタ回路において，ベース-エミッタ接合に順バイアス V_{BE} をかけると，ダイオードと同じようにベースからエミッタに正孔が，エミッタからベースに電子が移動してベース電流 I_B が流れる．ここで，ベース層の幅が非常に薄いため，ほとんどの電子はベース層を通過してコレクタ側に移動し，さらにコレクタ-エミッタ間の印加電圧により大きなコレクタ電流 I_C が流れる．このことは，ディジタル的には，ベース-エミッタ間にかかる電圧によってコレクタとエミッタ間の導通・非導通を制御できることである．

　トランジスタは，主にアナログの世界では入力信号を増幅するために，ディジタルの世界ではオン・オフの働きをするスイッチとして使用される．

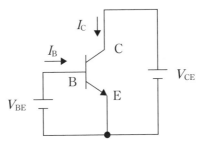

図1-7　バイポーラトランジスタの動作原理

⑶ MOS トランジスタ

　半導体技術の進歩とともに，バイポーラトランジスタと比較して消費電力が少なく，かつ高速な MOS（metal oxide semiconductor）トランジスタがディジタル回路で用いられている．**図 1-8**（a）にエンハンスメント nMOS トランジスタの構造を示す．一般に，MOS トランジスタの端子には，ゲート，ソース，ドレーン，基板があるが，エンハンスメント nMOS トランジスタの場合，基板端子の電圧は 0 V（L）に固定される．エンハンスメント nMOS トランジスタの図記号は正式には図 1-8（b）のように表すが，ディジタル論理では 3 端子モデルを扱うことが多いので，本書では図 1-8（c）に示すような基板端子を省略したスイッチの動作が理解しやすいシンプルな図記号を用いることにする．**図 1-9** に示したバイアス接続において，電圧 V_{GS} を印加すると，p 形半導体内の自由電子が酸化膜付近に移動する．その結果，酸化膜の直下に本来 p 形なのに自由電子の方が多くなるため，ソースとドレーンが n 形の半導体として導通することで，ドレーンからソースに向かってドレーン電流が流れ，トランジスタはオンにな

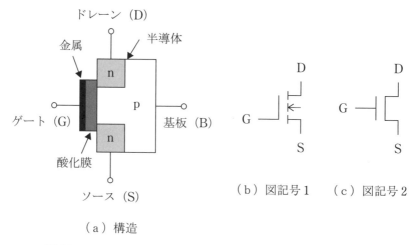

（a）構造

（b）図記号 1　　（c）図記号 2

図 1-8　エンハンスメント n MOS トランジスタの構造と図記号

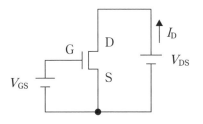

図 1-9 エンハンスメント nMOS トランジスタのバイアス

る．また，V_{GS} の大きさにより，ドレーン電流 I_D の大きさを制御することができる．

図 1-10 (a) にエンハンスメント pMOS トランジスタの構造を示す．エンハンスメント pMOS トランジスタの場合，基板端子の電圧は V_{CC} (H) に固定される．エンハンスメント pMOS トランジスタの図記号は正式には図 1-10 (b) のように表すが，エンハンスメント nMOS トランジスタの場合と同様の理由で，図 1-10 (c) を用いることにする．また，**図 1-11** は，エンハンスメント pMOS トランジスタの図記号を用いたバイアス接続を表している．このバイアス接続において，電圧 V_{GS} を印加すると，n 形半導体内の正孔が酸化膜付近に移

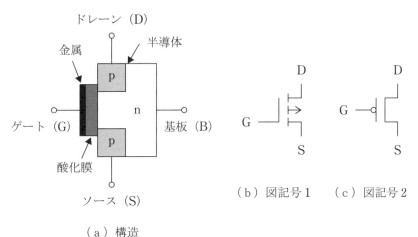

（a）構造　　（b）図記号 1　　（c）図記号 2

図 1-10 エンハンスメント pMOS トランジスタの構造と図記号

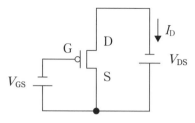

図 1-11　エンハンスメント pMOS トランジスタのバイアス

動する．その結果，酸化膜の直下に本来 n 形なのに正孔の方が多くなるため，ソースとドレーンが p 形の半導体として導通することで，ソースからドレーンに向かってドレーン電流が流れ，トランジスタはオンになる．また，nMOS トランジスタ同様，V_{GS} の大きさにより，ドレーン電流 I_D の大きさを制御することができる．

　図 1-12 は，エンハンスメント nMOS トランジスタの特性を表す．このトランジスタでは，ゲート電圧がゼロまたは負の場合，チャネルは非導通である．これは，素子を「オフ」状態に保つためにゲート電圧が不要であることを意味し，このタイプのトランジスタは，電子回路のスイッチとして使用される．MOS トランジスタは，ゲート電圧の大きさに応じてソースとドレーン間の電流を制御する電圧制御素子である．

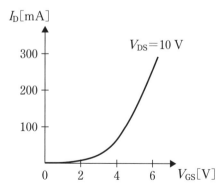

図 1-12　エンハンスメント nMOS トランジスタの $V_{GS}-I_D$ 特性

nMOSとpMOSの両方のトランジスタは，CMOS（Complementary MOS）回路を構成し，ディジタル回路の論理ゲートに使用されている．CMOSを用いた各種ゲート回路については，第3章基本論理回路で述べる．

章末問題1

1 アナログ温度計とデジタル温度計の違いを説明せよ．

2 アナログ回路とディジタル回路にはどのようなものがあるか．

3 デジタルカメラとフィルム式カメラの違いは何か．

4 アナログコンピュータとディジタルコンピュータについて説明せよ．

5 長さ3mの銅線の一端にディジタル信号を加えた場合，銅線を通過する時間を求めよ．

第2章　ディジタル回路の数表現

　日常生活において，われわれは10進数，すなわち0から9までを用いて数値を表し，これらを用いて四則演算などを行っている．たとえば，1桁の加算でも100通りの組み合わせがある．

　一方，コンピュータを構成するディジタル回路では，0と1の2進数が用いられている．この理由として，電気的に高い電圧（Hレベル）と低い電圧（Lレベル），電流が流れているか流れていないか，トランジスタのスイッチがオンまたはオフ，磁界が時計回りか反時計回りかなど，現実に存在し相対する事象に対して1と0を割り当てると便利だからである．これを2値論理という．

　本章では，2進数と2進数を4桁まとめて扱う16進数，2進数と10進数の相互変換，コンピュータでの負の数の扱い方，そして数値以外の符号表現について述べる．

　なお，2進数による加算と減算については，第7章で取り上げる．

第1章
第2章
第3章
第4章
第5章
第6章
第7章
第8章
第9章
第10章
第11章
第12章
章末問題解答

☆この章で使う基礎事項☆

基礎 2-1　ビット，バイト，ワード

われわれが日常用いる 10 進数の 1 桁では，0 から 9 まで表すことができる．すなわち，10 進数の 10 から 1 を引いた数 9 が 1 桁で表せる最大数である．一方，コンピュータでは，ある基準電圧よりも高い電圧を 1，低い電圧を 0 と表す 2 進数が用いられている．この 0 と 1 の 2 値の列によってすべての数値や文字などを表現している．2 値によるデータの最小単位，2 進数の 1 桁をビット（bit）と呼んでいる．また，8 ビットをまとめてバイト（byte:B）と呼ぶ．1 バイトでは，最大 $2^8 = 256$ 個のデータを表現できる．英字，数字，カタカナなどは 1 バイトで表現できるが，漢字を表すには 2 バイト必要である．さらに，ワード（word）という用語はデータの長さを扱う単位だが，コンピュータによって異なる．たとえば，コンピュータが一度に処理できるビットが 64 ビットであれば，64 ビットを 1 ワードと呼ぶ．32 ビットのマシンであれば，1 ワードは 32 ビットとなる．

基礎 2-2　キロバイト，メガバイト，ギガバイト

コンピュータのメモリ容量や扱うデータの大きさは，一般にバイト単位で表される．特にそれらの値が大きい時には，キロバイト（KB），メガバイト（MB），ギガバイト（GB）で表される．10 進数では $1\,KB = 1000\,B$，$1\,MB = 1000\,KB$，$1\,GB = 1000\,MB$ となるが，コンピュータでは 2 進法をベースに次のように表す．

$$1\,KB = 2^{10}B = 1024\,B, \quad 1\,MB = 2^{20}B = 1048576\,B,$$
$$1\,GB = 2^{30}B = 1073741827\,B$$

基礎 2-3　符号化

　われわれが日常使用している 10 進数や文字（英字，漢字など）は，このままではコンピュータに入力できない．そこで，これらの数値や文字を 0 と 1 の 2 進数の組合せによって符号化することで，コンピュータで処理できるようになる．

2進数と16進数

2進数（binary number）とは，2つの数記号0と1だけを使用する表現法である．この0と1をビット（bit：binary digit の略）と呼ぶ．表2-1は10進数の0から15までを2進数と2進数4ビットをまとめて1文字に対応させた16進数を表している．16進数を用いる理由は，たとえば16進数4桁を2進数で表現した場合，16個の1または0を用いることで人間が誤りを起こしやすいということがある．この表では，16進数の1桁は4ビットの2進数から構成されることから，2進数はすべて4ビットで表している．

表2-1 10進，2進，16進数の対応表

10進数	2進数	16進数	10進数	2進数	16進数
0	0000	0	8	1000	8
1	0001	1	9	1001	9
2	0010	2	10	1010	A
3	0011	3	11	1011	B
4	0100	4	12	1100	C
5	0101	5	13	1101	D
6	0110	6	14	1110	E
7	0111	7	15	1111	F

表2-1からわかるように，2進数4ビットでは$2^4 = 16$通りの表現が可能となり，10進数に対応させると0から15まで表すことができる．また，0から15までをひとまとめにすれば16進数に対応し，1文字で表現するために10進数の10から15までをアルファベットのAからFを用いて表す約束になっている．

10進数で，たとえば，123.4という数値は位取り記数法を用いて式（2-1）のように展開できる．

$$123.4 = 1 \times 10^2 + 2 \times 10^1 + 3 \times 10^0 + 4 \times 10^{-1} \qquad (2\text{-}1)$$

一般に，r 進数表現で整数部 n 桁，小数部 m 桁として，0 から $r-1$ 間での数字を用いて

$$x_{n-1}x_{n-2}\cdots x_0.x_{-1}x_{-2}\cdots x_{-m}$$

と並べると，これは式（2-2）のように展開できる．

$$x = x_{n-1}r^{n-1} + x_{n-2}r^{n-2} + \cdots + x_0 r^0 + x_{-1}r^{-1} + x_{-2}r^{-2}$$
$$+ \cdots + x_{-m}r^{-m} \qquad (2\text{-}2)$$

この式で，$r=2$ の場合が 2 進数表現，$r=16$ の場合が 16 進数表現である．

2 進数で，たとえば，1010.11_2 は，10 進数表現では 10.75_{10} であるが，ここで，添え字の 2 および 10 を基数（radix）と呼び，一般に，基数 r が r 進数を表現している．また，2 進数表現で，最も重みの大きい左端のビットを MSB（Most Significant Bit），最も重みの小さい右端のビットを LSB（Least Significant Bit）と呼ぶ．さらに，8 ビットをひとまとめにして 1 バイト（byte）と呼んでいる．

2-2　2進数と10進数の相互変換

コンピュータ内部では 2 進数が用いられているため，人間とコンピュータとのやり取りに際して 10 進数と 2 進数の相互変換が必要となる．ここでは，2 進数，16 進数と 10 進数との基数変換を述べる．

(1) 2 進数の 10 進数への変換

この変換は式（2-2）に基づいて行われる．

＜例＞　$1010.01_2 = 1 \times 2^3 + 0 \times 2^2 + 1 \times 2^1 + 0 \times 2^0$
$+ 0 \times 2^{-1} + 1 \times 2^{-2} = 10.25_{10}$

(2) 16 進数の 10 進数への変換

＜例＞　$AF.4_{16} = 10 \times 16^1 + 15 \times 16^0 + 4 \times 16^{-1} = 175.25_{10}$

(3) 10進数の2進数への変換

①整数の場合

<例1>　$10_{10} =$ 〔　　　？　　　〕

【求め方】　初めに10を2で割り，その剰余を1桁目とする．次に，その商をさらに2で割り，その剰余を次の上位の1桁とする．これを商が2より小さくなるまで次々に繰り返す．この最後の商が最上位桁（MSB）を表している．

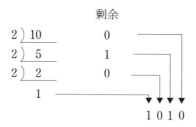

【理由】　10進整数ではなぜ2で割って，剰余を次々と並べていけばよいかを示す．

変換後の1010は位取り記数法では次のように表せる．

$$10_{10} = 1 \times 2^3 + 0 \times 2^2 + 1 \times 2^1 + 0 \times 2^0 \qquad (2\text{-}3)$$

この式の両辺を2で割ると，右辺の2^3，2^2，2^1は割り切れてそれぞれ2^2，2^1，2^0になるが，2^0はすでに2より小さいため，その係数である0が剰余となり，LSBとなる．この結果，元の式は次のようになる．

$$5_{10} = 1 \times 2^2 + 0 \times 2^1 + 1 \times 2^0$$

さらにこの式の両辺を2で割ると，2^2，2^1は割り切れてそれぞれ2^1，2^0になるが，2^0は割れないのでその係数である1が剰余となり，これが式（2-3）の2^1の係数となる．元の式は次のようになる．

$$2_{10} = 1 \times 2^1 + 0 \times 2^0$$

さらに，この式の両辺を2で割ると，2^1 は割り切れて 2^0 になるが，2^0 は割り切れずに，その係数である0が剰余となり，これが式（2-3）の 2^2 の係数となる．元の式は次のようになる．

$$1_{10} = 1 \times 2^0$$

これ以上は2で割れないので 2^0 の係数である1が剰余となり，これがMSBとなる．よって，答えは

$$10_{10} = 1010_2$$

となる．

②小数の場合

<例2>　　$0.75_{10} = \boxed{ ? }$

【求め方】　2を乗じて整数部への桁上げが生じた場合にはその値を，生じない場合には0を小数部第1位とする．次に，その積の小数部に2を乗じて同様の処理を行い，それを小数部第2位として繰り返す．この過程で，小数部が0になった時点で終了する．もし，何度繰り返しても0とならない場合には，この基数変換において誤差が生じることを意味し，必要な桁数まで求めればよい．

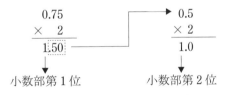

【理由】　10進小数ではなぜ2を乗じて，整数部第1位に生じた1か0を小数部が0になるまで次々と求めていけばよいかを示す．

変換後の0.11は位取り記数法では次のように表せる．

$$0.75_{10} = 1 \times 2^{-1} + 1 \times 2^{-2} \tag{2-4}$$

この式の両辺に2を乗じると，右辺の 2^{-1}，2^{-2} はそれぞれ 2^0，2^{-1}

になる．2^0 の係数は 1 なので小数第 1 位は 1 となる．0.75 に 2 を乗ずると 1.5 となるが，小数第 1 位はすでに求まっているので整数部を除いた 0.5 に 2 を乗ずる．

$$0.5 \times 2 = 1.0$$

となり，このように小数部が 0 となる場合は誤差を含まないで 2 進数に変換されたことになる．よって，答えは

$$0.75_{10} = 0.11_2$$

となる．一般には，小数部が 0 とならない場合が多い．

⑷　2 進数の 16 進数への変換

　2 進数を 16 進数に変換する方法は，4 ビットの 2 進数が 16 進数 1 桁に対応することから，小数点を基準に 4 桁ずつグループに分け，それを表 2-1 に示した 16 進数で表す．グループ分けをして 4 桁に足りない場合は，次に示す<例>の数値の下線部のように 0 を補って 4 桁にすればよい．

　<例>　$101.101_2 = \underline{0}101.101\underline{0}_2 = 5.A_{16}$

2–3　負数の表現

　コンピュータでは正数ばかりでなく負数も表現できなければならない．たとえば，8 ビットで表現できる整数の範囲は，正の数だけを扱うとすれば 0 から $2^8 - 1 = 255$ まで表現できる．一方，負の数を扱うためには先頭に－の符号をつけることを考える．しかし，コンピュータでは 0 と 1 しか扱えないので困ってしまう．ここで，数値は正と負の 2 通りを表現できればよいので，8 ビットの数の最上位ビットが正の場合は 0，負の場合は 1 と決めて表すようにしている．ただし，＋1 は 00000001 となるが，－1 は 10000001 とはしない．

　コンピュータで負の数を表す場合，ちょっと変わった独特の表現方法が用いられる．それが補数（complement）という表現方法である．

補数表現を用いると正負と大きさの両方が表現でき，減算を加算に置き換えることができる．また，このような表現を用いると，加減算における符号の組合せを考える必要がなく，決まりきったやり方で処理できる．

　ここでは，初めに 10 進数で用いられる 10 の補数について説明する．

　われわれがマイナスをつけて呼ぶ負数を，マイナスをつけないで表現する．たとえば，整数 8 の 10 の補数とは，8 にいくつ加えたら 1 桁で表現できる最大の数 9 に 1 を加えた 10 になるかということである．答えは 10 − 8 = 2 となる．整数 1 桁の場合には 10 が全体となる．次に，85 の 10 の補数を求める場合には，99 に 1 を加えた 100 を全体と考え，100 − 85 = 15 が 85 の 10 の補数である．同様に，3 桁の整数では 1000，4 桁では 10000 を全体と考えるのが 10 の補数である．

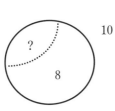
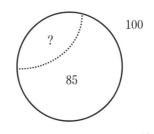

　?＝10−8＝2（8の10の補数）　　?＝100−85＝15（85の10の補数）

　一般に，基数 r の正数 N に対する r の補数 Cr は

$$Cr = r^n - N \tag{2-5}$$

で与えられる．ここで，n は N の整数部の桁数である．

　<例>　10 進数 345 の 10 の補数は，式 (2-5) で $r = 10$，$n = 3$ とおいて

$$10^3 - 345 = 1000 - 345 = 655$$

となる．

　次に，コンピュータでの2進数における2の補数表現を説明する．

　2進数101の2の補数は，式 (2-5) で $r = 2$, $n = 3$ とおいて

$$2^3 - 101_2 = 1000_2 - 101_2 = 011_2$$

となる．3桁の整数の場合には，111に1を加えた1000を全体と考え，それから101を減ずれば2の補数が得られる．別の求め方をすると，1を加える前の111から101を減算した値は，減数101の各ビットを反転して得られた結果に等しい．その値に1を加算すれば101の2の補数が得られる．

$$111 + 1 - 101 = \underbrace{111 - 101}_{101 の各ビット反転} + 1 = 010 + 1 = 011$$

先に述べたように，ここで得られた2進数011は，最上位ビットが0なので10進数の＋3を表す．一方，元の数101は－3を表している．

　では，101がなぜ－3を表すか，いや－3を表すようにさせているかを説明しよう．

　－3を求めるには，まず正の数＋3を表す．この例では3ビットの最上位ビットは0となり，残りの2ビットで数値部を表す．したがって，011が10進数の＋3を表す．次に，すべてのビットを反転する．そして，1を加えた結果が－3の2の補数表現となる．

　　　正の数：＋3　→　011

　　　　　　　　　↓　すべてのビット反転

　　　　　　　100

　　　　　　　　　↓　1を加える

　　　負の数：－3　←　101

となる．この手順を整理すると以下のようになる．

> **正の数で表す　⇨　ビット反転　⇨　1を加算　＝　負の数**

補数を用いた演算については第7章で取り上げる．

8ビットで表現される数を例にとると,

 ① 8ビットで正の整数だけを表す場合は,

  $0 \sim 2^8 - 1 = 255$ まで表すことができる.

 ② 最上位ビットを符号ビットと考えて, 正負の数を表現する場合は, **表2-2** に示すように $-128 \sim +127$ を表現する.

表2-2　符号付き2進数表現

2進数	10進数
01111111	+127
01111110	+126
01111101	+125
⋮	⋮
00000011	+3
00000010	+2
00000001	+1
00000000	0
11111111	−1
11111110	−2
11111101	−3
⋮	⋮
10000001	−127
10000000	−128

2-4　符号体系

われわれにとっては, 数字や文字をそのままの形で用いて数式や文章を表現できれば便利であるが, コンピュータ内部では数字や文字も2進数で表される. 特に, データ処理においては, アルファベットや記号がよく用いられるが, これらも2進数に符号化（コード化）され, その変換にはいくつかの符号体系が用いられる.

(1)　ASCII（アスキー）コード（表2-3）

ASCII（American Standard Code for Information Interchange）コードは，ANSI（米国規格協会）が制定した英数字，記号，改行コードで構成される文字コード体系で，7ビットのコードで表される．

表2-3　ASCIIコード表

$b_3 \sim b_0$ ＼ $b_6 \sim b_4$	000	001	010	011	100	101	110	111
0000	NUL	DLE	SP	0	@	P	`	p
0001	SOH	DC1	!	1	A	Q	a	q
0010	STX	DC2	"	2	B	R	b	r
0011	ETX	DC3	#	3	C	S	c	s
0100	EOT	DC4	$	4	D	T	d	t
0101	ENQ	NAK	%	5	E	U	e	u
0110	ACK	SYN	&	6	F	V	f	v
0111	BELL	ETB	'	7	G	W	g	w
1000	BS	CAN	(	8	H	X	h	x
1001	HT	EM	)	9	I	Y	i	y
1010	LF	SUB	*	:	J	Z	j	z
1011	VT	ESC	+	;	K	[	k	{
1100	FF	FS	,	<	L	¥	l		
1101	CR	GS	−	=	M	]	m	}
1110	SO	RS	.	>	N	^	n	−
1111	SI	US	/	?	O	_	o	DEL

(2)　BCDコード（表2-4）

日常生活では10進数を広く用いているため，10進数表現のほうが都合のよい場合が多い．そこで，10進数をディジタル回路で表現するため，10進数の各桁を4ビットの2進数で表現したBCD（Binary Coded Decimal）コードが用いられる．このコードは，各ビットに重み8，4，2，1をつけたものである．

たとえば，3桁の10進数123をBCDコードで表すと，10進各桁に2進数4ビットが対応し，次のように表される．

```
10 進数    1      2      3
          ↓      ↓      ↓
BCD コード  0001   0010   0011
```

この表現法は，10 進数との対応が簡単であるためコンピュータの出力表示でよく用いられる．しかし，8 ビットで表される数値を考えると，通常の 2 進数で正数に限定すると，0～255 までを表せるのに，BCD では 0～99 と半分以下になってしまう．

⑶ **3 あまりコード（excess 3 code）（表 2-5）**

3 あまりコードは，BCD コードより +3 大きい値を対応させることで 10 進数 0 は 0011 となり，必ず 1 を含むことで何も送っていない状態と区別することができる．

表 2-4　BCD コード

10 進数	BCD コード
0	0000
1	0001
2	0010
3	0011
4	0100
5	0101
6	0110
7	0111
8	1000
9	1001

表 2-5　3 あまりコード

10 進数	3 あまりコード
0	0011
1	0100
2	0101
3	0110
4	0111
5	1000
6	1001
7	1010
8	1011
9	1100

章末問題 2

1 グレイ（Gray）コードについて調べよ．

2 2 out-of-5 コードについて調べよ．

3 10 進数の 882 の 10 の補数を求めよ．

④　次の 10 進数を 2 進数に変換せよ.

(1)　32　　(2)　100　　(3)　258　　(4)　999.99

⑤　次の 16 進数を 10 進数に変換せよ.

(1)　1234　　(2)　12AF　　(3)　AB.CD

⑥　次の 16 進数を 2 進数に変換せよ.

(1)　A6　　(2)　12.34　　(3)　AB.CD

⑦　次の BCD コードを 10 進数に変換せよ.

(1)　10000110　　(2)　010101000011

⑧　10 進数で表現した以下の数値の中で, 2 進数に変換した場合に誤差を含まないものはどれか.

(1)　12.3　　(2)　23.4　　(3)　34.5　　(4)　45.6

⑨　2 つの 2 進小数 A = 0.1001 と B = 0.0100 について下記の演算を行え. ただし, 負の数値は 2 の補数表現とする.

(1)　A + B

(2)　A − B

(3)　B − A

(4)　− A − B

⑩　2 つの 2 進数 α 及び β があり, これらの 2 の補数がそれぞれ 10110010 と 11011000 であるとき, $\alpha + \beta = \gamma$ を 10 進数で表現するといくらか. また, 16 進数ではいくらか.

⑪　次の問いに答えよ.

(1)　10 進数 123 を 2 進数に変換せよ.

(2)　10 進数 0.75 を 2 進数に変換せよ.

(3)　16 進数 7B を 10 進数に変換せよ.

(4)　10 進数 − 128 を 2 進数に変換せよ. ただし, 8 ビットで表現し, MSB を符号ビットとする. また, 負数は 2 の補数表現とする.

⑫　文字 A は ASCII コードでどのように表現されるか.

第3章　基本論理回路

　ディジタル回路は，最も基本的な動作をするゲート回路と呼ばれる電子回路で構成される．また，さまざまな機能をもつ回路は，これらの組み合わせで実現される．このような基本回路には，AND ゲート，OR ゲート，NOT ゲートがある．すなわち，これら3つの基本回路ですべてのディジタル回路が構成できる．

　本章では，各ゲート回路についてダイオードやトランジスタを用いて構成し，その動作原理を解説する．AND ゲートや OR ゲートは初心者にとっては理解しやすいが，集積回路では構成上，NAND ゲートや NOR ゲートが基本回路となる．

☆この章で使う基礎事項☆

基礎 3-1　ダイオード

ダイオード（diode）は，図3-1に示すようにアノード（anode）と
カソード（cathode）の2つの端子をもち，アノードにカソードより
約0.7 V以上の電圧を加えると導通する素子である．

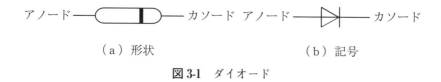

（a）形状　　　　　　　　　（b）記号

図 3-1　ダイオード

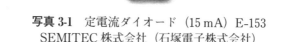

写真 3-1　定電流ダイオード（15 mA）E-153
SEMITEC株式会社（石塚電子株式会社）

基礎 3-2　基本論理回路

ディジタル回路は，ディジタル信号の流れを止めたり，信号の大き
さを変えたり，電気的な操作を行っている．ここではディジタル回路
の3つの基本回路について述べる．2つの入力がともに1の場合に限
り出力が1となるANDゲート，入力の少なくともいずれか一方が1
であれば出力が1となるORゲート，そして入力を反転した出力が得
られるインバータ（NOTゲート）がある．これらの3つの論理素子
は非常に理解しやすいが，実際に論理回路を構成する場合によく用い
られるのは，NANDゲートやNORゲートである．その理由は，半
導体チップ上のディジタル回路は，より少ないトランジスタで構成で

きる NAND ゲート，NOR ゲート，インバータの 3 個を基本に構成
されている．AND ゲートは NAND ＋インバータ，OR ゲートは
NOR ＋インバータでそれぞれ構成されるため，より多くのトランジ
スタを必要とし，回路規模，信頼性，経済性，速度などの点で劣るこ
とになる．

3-1　正論理と負論理

　ディジタル回路では，一般に電気信号をしきい値と呼ばれるある電圧レベルと比較して，高い（High），低い（Low）で表している．ここで，高い電圧レベルに対して論理値の１を，低い電圧レベルに対して論理値の０を対応させることを正論理（positive logic），またはアクティブハイ（active high）という．一方，高い電圧レベルを論理値の０，低い電圧レベルを論理値の１に対応させたものを負論理（negative logic），またはアクティブロウ（active low）という．（**図3-2**）．ここでは，正論理を用いて話を進めることにする．

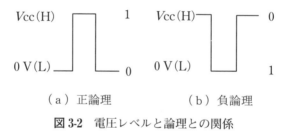

（ａ）正論理　　　　　（ｂ）負論理

図3-2　電圧レベルと論理との関係

3-2　ダイオードによる論理回路

　本節では，動作が理解しやすいダイオードを用いた AND ゲート，OR ゲート，NOT ゲートについて説明する．

⑴　**AND ゲート**

　AND ゲートは，入力がすべて High（論理値1）のときに限って出力が High（論理値1）となるゲートである．AND ゲートを**図3-3**に示す．

　図 3-3（a）で入力 A，B がともに High（論理値1）のとき，入力電圧と電源電圧 V_{CC} は同電位のため２つのダイオードはともに OFF

（非導通）となり，その結果，出力 f は電源電圧にほぼ等しく $f = 1$ となる．一方，入力 A，B の少なくともいずれかに Low（論理値 0）が加わると，その入力に接続されているダイオードは順方向の電圧がかかるため ON（導通）となり，出力 f は論理値 0 となる．したがって AND ゲート回路の真理値表は**表 3-1** となり，入出力関係は次の論理式で表される．

$$f = A \cdot B$$

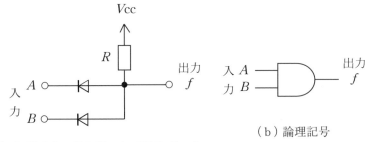

（a）ダイオードを用いた AND ゲート

（b）論理記号

図 3-3 AND ゲート

表 3-1 真理値表

入力		出力
A	B	f
0	0	0
0	1	0
1	0	0
1	1	1

⑵ **OR ゲート**

OR ゲートは入力の少なくとも 1 つが High（論理値 1）のときに出力 f が High（論理値 1）となるゲートである．OR ゲートを**図 3-4** に示す．

図 3-4（a）で入力 A が Low（論理値 0），入力 B が High（論理値 1）

のとき，入力 A に接続されているダイオードの両端はともに Low なので電位差はゼロ，すなわちダイオードは OFF となる．一方，入力 B に接続されているダイオードには順方向の電圧がかかるため ON となり，入力 B から抵抗を通して電流が流れ，その結果，抵抗での電圧降下により出力 f は High（論理値 1）となる．入力 A, B ともに Low のときに限り 2 つのダイオードはともに OFF となり，出力 f は Low となる．したがって OR ゲートの真理値表は**表 3-2** となり，入出力関係は次の論理式で表される．

$$f = A + B$$

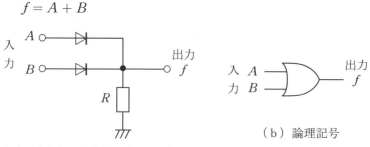

（a）ダイオードを用いた OR ゲート　　　　（b）論理記号

図 3-4　OR ゲート

表 3-2　真理値表

入力		出力
A	B	f
0	0	0
0	1	1
1	0	1
1	1	1

3-3　トランジスタによる論理回路

本節では，基本的なゲートの内部構造とその動作についてトランジ

スタを用いて解説する．ここでは，消費電力が極めて小さいなど集積回路によく用いられている CMOS 回路を取り上げる．

（1）　**インバータ**

CMOS（Complementary Metal Oxide Semiconductor）は図 **3-5** に示すように nMOS トランジスタ（Tr_1）と pMOS トランジスタ（Tr_2）とを結合させたもので，インバータとしての機能をもつ．

この回路において，入力 A が High のとき，pMOS トランジスタは OFF，nMOS トランジスタは ON となり，出力 f は GND と同電位の Low となる．次に，入力 A が Low のとき，今度は nMOS トランジスタが OFF，pMOS トランジスタが ON となり，出力 f は Vcc と同電位で High となる．以上のことから，この回路は入力信号の反転信号が出力から得られるので，インバータと呼ばれる．

この回路では，pMOS トランジスタと nMOS トランジスタが同時に ON となることはない．その結果，Vcc から直接 GND に電流が流れることはないので，消費電力を低く抑えることができる．ただし，実際には入力信号レベルが High から Low，または Low から High

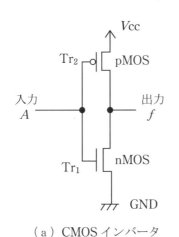

（b）論理記号

表 3-3　真理値表

入力	出力
A	f
1	0
0	1

（a）CMOS インバータ

図 3-5　インバータ

に変化するとき Tr$_1$，Tr$_2$ が同時に ON となる場合が生じる．この期間においては過渡的な電流が流れるので電力が消費される．

　インバータの真理値表は**表3-3**（前頁）となり，入出力関係は次の論理式で表される．

$$f = \overline{A}$$

写真3-2　CMOS インバータ 74HC04AP（東芝）

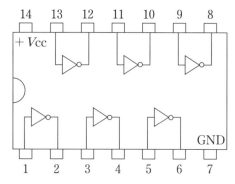

図3-6　CMOS インバータ 74HC04AP のピン配置

⑵ NAND ゲート

すでに AND ゲート，OR ゲート，NOT ゲートのこれら 3 つの基本回路ですべてのディジタル回路が構成できると述べたが，これから説明する NAND ゲート，NOR ゲートも同様である．しかも，これらのゲートは単独ですべてのディジタル回路を構成できるのが特徴である．

はじめに，CMOS を用いた 2 入力 NAND ゲートを**図 3-7** に示す．この回路は，2 つの pMOS トランジスタが並列に，2 つの nMOS トランジスタが直列に接続された構成である．2 つの入力 A，B がともに High のときだけ nMOS トランジスタはともに ON，pMOS トランジスタはともに OFF となり出力 f は Low となる．また，入力に 1 つでも Low があると，それに接続された nMOS トランジスタは OFF となる．一方，pMOS トランジスタはともに ON となるため出力は High となる．たとえば，入力 A が Low であると Tr_1 は OFF，Tr_3 は ON となり，出力はもう 1 つの入力に依存することなく High となる．これは入力 B についても同様である．逆に出力を Low にす

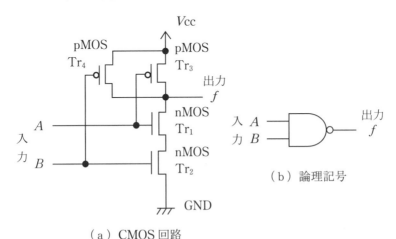

（a）CMOS 回路

図 3-7 2 入力 NAND ゲート

るためには，Tr_1，Tr_2 がともに ON で，Tr_3，Tr_4 がともに OFF で
なければならない．すなわち，出力が Low となるのは，入力 A，B
がともに High のときである．また，インバータ回路の場合と同様に，
NAND ゲート回路においても pMOS トランジスタと nMOS トラン
ジスタが同時に ON となることはないので，定常状態では直流電流
は流れない．したがって NAND ゲート回路の真理値表は**表 3-4** とな
り，入出力関係は次の論理式で表される．

$$f = \overline{A \cdot B}$$

表 3-4　真理値表

入力		トランジスタ				出力
A	B	Tr_1	Tr_2	Tr_3	Tr_4	f
0	0	OFF	OFF	ON	ON	1
0	1	OFF	ON	ON	OFF	1
1	0	ON	OFF	OFF	ON	1
1	1	ON	ON	OFF	OFF	0

写真 3-3　CMOS NAND ゲート 74HC00AP（東芝）

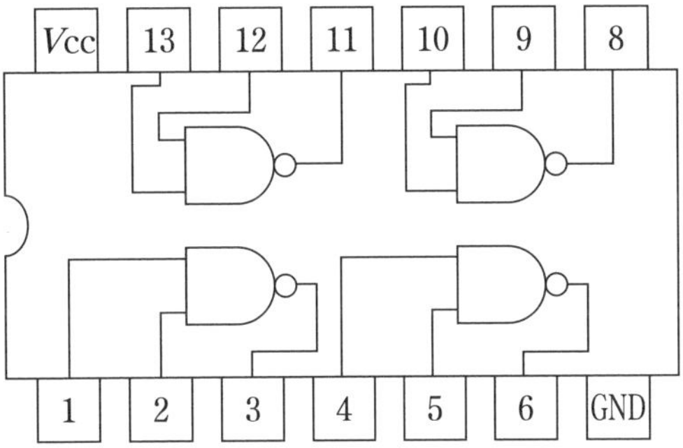

図 3-8 CMOS NAND ゲート 74HC00AP のピン配置

次に，AND ゲートの CMOS 回路による構成を考える．図 3-9 に示
したように，AND ゲートは NAND ゲートとインバータを用いるこ
とで実現できる．前段の部分は NAND ゲート，そして後段の部分は
インバータである．すなわち，NAND ゲートの出力をインバータで
反転することで得られ，結局，入出力関係は次の論理式で表される．

$$f = A \cdot B$$

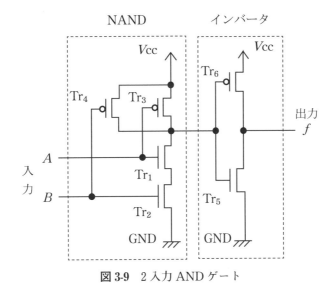

図 3-9 2 入力 AND ゲート

　以上のように，AND ゲートは NAND ゲートとインバータから構成されるため，NAND ゲートと比較して多くのトランジスタを用いる．その結果，消費電力の増加や段数が増えるために遅延時間が増加する．このような理由から，NAND ゲートや次の(3)項で述べる NOR ゲートがよく用いられる．

(3) NOR ゲート

　図3-10 に CMOS を用いた 2 入力 NOR ゲートを示す．この回路では 2 つの pMOS トランジスタが直列に，2 つの nMOS トランジスタが並列に接続された構成となっている．すなわち，2 つの入力 A，B がともに Low のときだけ pMOS トランジスタはともに ON，nMOS トランジスタはともに OFF となり出力 f は High となる．また，入力に 1 つでも High があると，それに接続された 2 つの pMOS トランジスタは OFF となる．一方，nMOS トランジスタはともに ON となるため出力は Low となる．たとえば，入力 A が High であると Tr_1 は ON，Tr_3 は OFF となり，出力はもう 1 つの入力に依存する

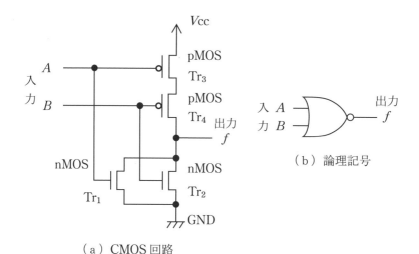

（a）CMOS 回路

図3-10　2 入力 NOR ゲート

ことなく Low となる．これは入力 B についても同様である．逆に出力を High にするためには，Tr_1，Tr_2 がともに OFF で，Tr_3，Tr_4 がともに ON でなければならない．すなわち，出力が High となるのは，入力 A，B がともに Low のときである．また，NOR ゲート回路においても pMOS トランジスタと nMOS トランジスタが同時に ON となることはないので，定常状態では直流電流は流れない．したがって NOR ゲートの真理値表は**表 3-5** となり，入出力関係は次の論理式で表される．

$$f = \overline{A + B}$$

表 3-5 真理値表

入力		トランジスタ				出力
A	B	Tr_1	Tr_2	Tr_3	Tr_4	f
0	0	OFF	OFF	ON	ON	1
0	1	OFF	ON	ON	OFF	0
1	0	ON	OFF	OFF	ON	0
1	1	ON	ON	OFF	OFF	0

写真 3-4 CMOS NOR ゲート 74HC02AP（東芝）

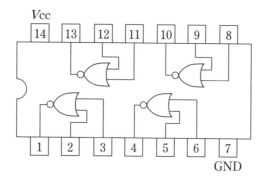

図 3-11　CMOS NOR ゲート 74HC02AP のピン配置

　次に OR ゲートについて，CMOS 回路による構成を考える．**図 3-12** に示したように，OR ゲートは NOR ゲートとインバータを用いることで実現できる．前段の部分は NOR ゲート，そして後段の部分はインバータである．すなわち，NOR ゲートの出力をインバータで反転することで得られ，結局，入出力関係は次の論理式で表される．

$$f = A + B$$

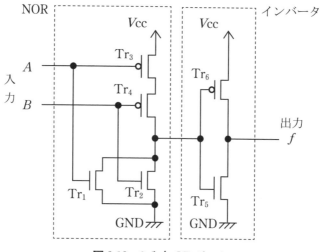

図 3-12　2 入力 OR ゲート

3-4　XOR ゲート

XOR ゲート（exclusive-OR）は，排他的論理和とも呼ばれ，入出力関係を**表 3-6** で表す．XOR ゲートは，入力 A と入力 B が一致しないときのみ出力 f が 1 となる回路である．

表 3-6　真理値表

入力		出力
A	B	f
0	0	0
0	1	1
1	0	1
1	1	0

したがって，XOR ゲートは次の論理式で表される．

$$f = \overline{A}\cdot B + A\cdot\overline{B} = A \oplus B$$

ここで，記号 $\oplus$ は XOR を表す．XOR は不一致を検出できることから用途は広く，第 6 章の誤り検出回路や第 7 章の加算器でも用いられる．XOR の論理記号を**図 3-13**（a）に示す．まず，XOR ゲートが，NOR ゲートで構成できることを示す．ド・モルガンの定理（4-3（7）項参照）より

$$f = \overline{A}\cdot B + A\cdot\overline{B} = \overline{A}\cdot B + A\cdot\overline{B} + A\cdot\overline{A} + B\cdot\overline{B}$$

$$= (A+B)\cdot(\overline{A}+\overline{B}) = \overline{\overline{(A+B)}}\cdot\overline{\overline{(\overline{A}+\overline{B})}}$$

$$= \overline{\overline{(A+B)}+\overline{(\overline{A}+\overline{B})}}$$

が得られるので，図 3-13（b）のように 3 つの NOR ゲートと 2 つの NOT ゲートで実現できる．さらに，NOT ゲートは NOR ゲートで代用できるので，結局，図 3-13（c）のようになる．また，元の式を

ド・モルガンの定理を用いて変形すると，NAND ゲートだけでも実現できる．

（a）論理記号

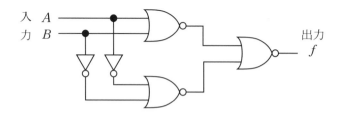

（b）NOT ゲートと NOR ゲートによる実現

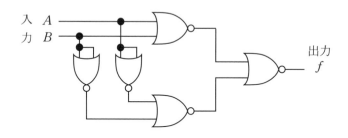

（c）NOR ゲートによる実現

図 3-13　XOR ゲート

写真 3-5　CMOS XOR ゲート 74HC86AP（東芝）

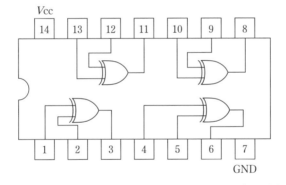

図 3-14　CMOS XOR ゲート 74HC86AP のピン配置

章末問題3

1 図3-15に示すMIL記法を用いた回路で，各論理素子の入出力の論理形（正論理または負論理）を示せ.

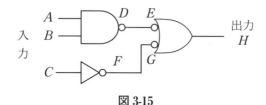

図3-15

2 NANDゲートを用いて，(1)インバータ，(2) ANDゲート，(3) ORゲートを構成せよ.

3 NORゲートを用いて，(1)インバータ，(2) ANDゲート，(3) ORゲートを構成せよ.

4 排他的論理和 $f = \overline{A} \cdot B + A \cdot \overline{B} = A \oplus B$ を変形してNANDだけで表せ. また，その回路構成を示せ.

5 A と B の論理積 $A \cdot B$ と同じ機能をもつように論理和と排他的論理和を用いて表せ.

第4章 ブール代数と基本論理演算

　コンピュータでは，さまざまな演算や記憶などは1と0からなる2値論理に基づくディジタル回路で行われている．この0，1の演算を行うための数学がブール代数であり，ディジタル回路を考える上で大切な理論となる．本章では，ディジタル回路を設計する上での基礎となるブール代数と基本論理演算について説明する．

☆この章で使う基礎事項☆

基礎 4-1　ブール代数

　2つの状態のみを扱う数学をブール代数という．ブール代数は数学を論理演算に応用したもので，1854年に英国の数学者ブール（George Boole）らにより考案された．ブール代数は，論理的な真偽の命題関係を演算形式で扱うものである．ディジタル回路は，入力や出力が1（電圧が高い）や0（電圧が低い）という2つの状態だけを扱う回路である．ブール代数が，0と1の2つの状態だけを扱うことから，この式に対応したディジタル回路を構成することができる．

4-1 ブール代数

　論理学では，真偽を判定できる表現を命題という．命題の取り得る値を真理値と呼び，真か偽のいずれかの値をとる．たとえば，「テニスはスポーツである」といった表現は正しいので真の命題といえる．また，命題をいくつか組合わせて別の命題を表現することもできる．この新しい命題も真か偽のいずれかの値をもっている．このように，ある命題の真偽をもとに他の命題の真偽を導くのが命題論理である．

　ブール代数は，命題論理での命題を変数で表現し，代数化して表す記号論理学として1854年，イギリスの数学者 George Boole によって考案された．ブール代数は，論理値0または1の2値で表すブール値をスイッチのオフとオンに対応させることで，論理動作の解析や論理回路の設計などに広く用いられている．

4-2 ブール代数の基本演算

　われわれが10進数を用いた演算では，加算，減算，乗算，除算の四則演算が基本である．一方，1と0を扱うコンピュータの世界では，以下に述べる3つの演算が基本である．

　ブール代数で命題を表現する記号を論理変数といい，その値は命題論理の真と偽に対応し，それぞれ論理値1と0で表す．すなわち，ある命題 A が真のとき $A = 1$，命題 A が偽のとき $A = 0$ とする．

　2つの命題 A, B に対して，「A かつ B」，「A または B」，「A でない」を考え，それぞれ論理積，論理和，否定という．ブール代数では，これらをそれぞれ「$A \cdot B$」，「$A + B$」，「$\overline{A}$」のように表す．ここで「・」，「＋」，「￣」を論理演算記号という．この中で，「・」は省略される場合が多い．

(1) **論理積**

論理変数 A, B に対して

$$f = A \cdot B$$

と表される．ここで，f を論理関数という．また，これらの関係を表にした真理値表を**表 4-1** に示す．論理積は AND ともいわれる．

表 4-1　論理積の真理値表

A	B	$f = A \cdot B$
0	0	0
0	1	0
1	0	0
1	1	1

A, B がともに 1 のとき $f = 1$

(2) **論理和**

A, B に対して

$$f = A + B$$

と表される．真理値表を**表 4-2** に示す．論理和は OR ともいわれる．

表 4-2　論理和の真理値表

A	B	$f = A + B$
0	0	0
0	1	1
1	0	1
1	1	1

A, B がともに 0 のとき $f = 0$

(3) **否定**

1変数を扱い，A に対して

$$f = \overline{A}$$

と表される．真理値表を**表 4-3** に示す．否定は NOT ともいわれる．

表 4-3 否定の真理値表

A	$f = \overline{A}$
0	1
1	0

f は A の反転

これらの論理演算を理解する方法として，集合の関係を視覚的に示したベン図を**図 4-1** に示す．

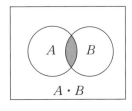
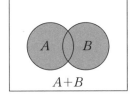
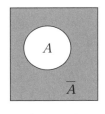

（a）論理積 （b）論理和 （c）否定

図 4-1 ベン図

図 4-1 （a）は，集合 A と集合 B の共通部分が論理積 $A \cdot B$ であることを表している．図 4-1 （b）は，A または B の領域が論理和 $A + B$ を表している．図 4-1 （c）は，円の内部を A とすると，円の外部が否定 $\overline{A}$ であることを表している．

4-3 ブール代数の基本定理

前述した基本演算をもとに，以下のブール代数の基本定理を導くことができる．ここで，A, B, C を 0 または 1 の値をとる 2 値論理変数とする．

⑴ **同一則**

$$\begin{cases} A + A = A \\ A \cdot A = A \end{cases}$$

(2)　**否定則**

$$\begin{cases} A + \overline{A} = 1 \\ A \cdot \overline{A} = 0 \end{cases}$$

(3)　**交換則**

$$\begin{cases} A + B = B + A \\ A \cdot B = B \cdot A \end{cases}$$

(4)　**結合則**

$$\begin{cases} (A + B) + C = A + (B + C) \\ (A \cdot B) \cdot C = A \cdot (B \cdot C) \end{cases}$$

(5)　**分配則**

$$\begin{cases} A \cdot (B + C) = A \cdot B + A \cdot C \\ A + B \cdot C = (A + B) \cdot (A + C) \end{cases} \tag{4-1}$$

式 (4-1) は次のように証明できる.

$$\begin{aligned} A + B \cdot C &= A \cdot (1 + B + C) + B \cdot C \cdots\cdots\cdots 吸収則 \\ &= A + A \cdot B + A \cdot C + B \cdot C \cdots\cdots 分配則 \\ &= A \cdot A + A \cdot B + A \cdot C + B \cdot C \cdots\cdots 同一則 \\ &= A \cdot (A + B) + C \cdot (A + B) \cdots\cdots 分配則 \\ &= (A + B) \cdot (A + C) \end{aligned}$$

となる. この式で, A から $A \cdot (1 + B + C)$ へは次のように考える.

$A = A \cdot 1 = A \cdot (1 + B) = A \cdot (1 + B + C)$. 論理変数がいくつあっても, 1 との論理和は常に1である. 項の数を増やしてまとめるためにこのような処理を行っている.

<**例題 4-1**>　真理値表を用いて式 (4-1) が成り立つことを証明せよ.

<**解答**>

A	B	C	$B{\cdot}C$	$A+B{\cdot}C$ (左辺)	$A+B$	$A+C$	$(A+B){\cdot}(A+C)$ (右辺)
0	0	0	0	0	0	0	0
0	0	1	0	0	0	1	0
0	1	0	0	0	1	0	0
0	1	1	1	1	1	1	1
1	0	0	0	1	1	1	1
1	0	1	0	1	1	1	1
1	1	0	0	1	1	1	1
1	1	1	1	1	1	1	1

(6)　**吸収則**

$$\begin{cases} A+1=1 \\ A{\cdot}0=0 \end{cases} \quad \begin{cases} A+0=A \\ A{\cdot}1=A \end{cases}$$

$$\begin{cases} A+A{\cdot}B=A & (4\text{-}2) \\ A{\cdot}(A+B)=A & (4\text{-}3) \end{cases}$$

式 (4-2), (4-3) は次のように証明できる.

$$A+A{\cdot}B=A{\cdot}1+A{\cdot}B=A{\cdot}(1+B) \quad \cdots 分配則$$
$$=A{\cdot}1=A$$

$$A{\cdot}(A+B)=A{\cdot}A+A{\cdot}B \quad \cdots 分配則$$
$$=A+A{\cdot}B=A{\cdot}1+A{\cdot}B=A{\cdot}(1+B)$$
$$=A{\cdot}1=A$$

<**例題 4-2**>　真理値表を用いて式 (4-2), (4-3) が成り立つことを証明せよ.

<**解答**>　省略

第1章｜第2章｜第3章｜第4章｜第5章｜第6章｜第7章｜第8章｜第9章｜第10章｜第11章｜第12章｜章末問題解答

⑺　**ド・モルガンの定理（De Morgan's theorem）**

$$\begin{cases} \overline{A + B} = \overline{A} \cdot \overline{B} & \text{(4-4)} \\ \overline{A \cdot B} = \overline{A} + \overline{B} & \text{(4-5)} \end{cases}$$

ド・モルガンの定理は基本的には論理積と論理和の相互変換である．論理式の簡単化や論理の流れを明確にできるなど重要な定理である．

式（4-4）を真理値表を用いて証明する（**表**4-4）．

表4-4　ド・モルガンの定理の真理値表

A	B	$A + B$	$\overline{A + B}$	$\overline{A}$	$\overline{B}$	$\overline{A} \cdot \overline{B}$
0	0	0	1	1	1	1
0	1	1	0	1	0	0
1	0	1	0	0	1	0
1	1	1	0	0	0	0

＜例題4-3＞　真理値表を用いて式（4-5）が成り立つことを証明せよ．

＜解答＞　省略

ド・モルガンの定理は次式のように変数の数に関係なく成立する．

$$\overline{A + B + C + \cdots} = \overline{A} \cdot \overline{B} \cdot \overline{C} \cdot \cdots$$

$$\overline{A \cdot B \cdot C \cdot \cdots} = \overline{A} + \overline{B} + \overline{C} + \cdots$$

⑻　**双対定理**

前述の（1）から（7）において，「＋」と「・」，0と1を交換した式も成立する．これを双対定理または双対性という．

また，次の2つの公式はよく用いられる．

①　$A + \overline{A} \cdot B = A + B$

（証明）

$$A + \overline{A} \cdot B = A \cdot 1 + \overline{A} \cdot B = A \cdot (B + \overline{B}) + \overline{A} \cdot B$$

$$= A \cdot B + A \cdot \overline{B} + \overline{A} \cdot B$$
$$= A \cdot B + A \cdot B + A \cdot \overline{B} + \overline{A} \cdot B$$
$$= A \cdot B + A \cdot \overline{B} + A \cdot B + \overline{A} \cdot B$$
$$= (A \cdot B + A \cdot \overline{B}) + (A \cdot B + \overline{A} \cdot B)$$
$$= A \cdot (B + \overline{B}) + B \cdot (A + \overline{A})$$
$$= A + B$$

② $A + B \cdot \overline{B} = (A + B) \cdot (A + \overline{B})$

(証明)

$$A + B \cdot \overline{B} = A + A + B \cdot \overline{B} = A \cdot 1 + A \cdot A + B \cdot \overline{B}$$
$$= A \cdot (B + \overline{B}) + A \cdot A + B \cdot \overline{B}$$
$$= A \cdot B + A \cdot \overline{B} + A \cdot A + B \cdot \overline{B}$$
$$= A \cdot (A + \overline{B}) + B \cdot (A + \overline{B})$$
$$= (A + B) \cdot (A + \overline{B})$$

章末問題4

1 次の等式が成り立つことをブール代数の定理を用いて証明せよ.

(1) $A \cdot B + \overline{A} \cdot \overline{B} + B \cdot C = A \cdot B + \overline{A} \cdot \overline{B} + \overline{A} \cdot C$

(2) $A \cdot \overline{B} + B \cdot \overline{C} + \overline{A} \cdot C = \overline{A} \cdot B + \overline{B} \cdot C + A \cdot \overline{C}$

2 ブール代数の定理を用いて次の論理式を簡単化せよ. 簡単化とは, 入出力の関係を変えずに項数や変数を減らすことをいう. 第5章で詳しく述べる.

(1) $f = A \cdot B + A \cdot \overline{B} + A \cdot \overline{C}$

(2) $f = A \cdot B \cdot \overline{C} + \overline{A} \cdot B \cdot C + A \cdot \overline{B} \cdot C + A \cdot B \cdot C$

(3) $f = A \cdot B + B \cdot C \cdot D + \overline{A} \cdot C$

(4) $f = A \cdot B \cdot \overline{C} \cdot \overline{D} + \overline{A} \cdot B \cdot C \cdot \overline{D} + A \cdot \overline{B} \cdot \overline{C} \cdot D + A \cdot B \cdot C \cdot D + A \cdot \overline{B} \cdot \overline{C} \cdot \overline{D} + A \cdot B \cdot \overline{C} \cdot D + A \cdot B \cdot C \cdot \overline{D} + \overline{A} \cdot \overline{B} \cdot C \cdot \overline{D}$

3 次の論理式をド・モルガンの定理を用いて簡単化せよ.

(1) $f = \overline{(A+B)\cdot(A\cdot B)}$

(2) $f = \overline{\overline{(A+B)}+\overline{(A\cdot B)}}$

(3) $f = \overline{\overline{A}+\overline{B}}$

(4) $f = \overline{A+B+\overline{B}\cdot\overline{C}}$

4 2入力 NOR ゲートをド・モルガンの定理を用いて AND ゲート表現に変換し，論理回路を示せ.

5 次の論理式を簡単化せよ.

$f = (A\cdot B + C) + \overline{(A\cdot B + C)}\cdot(A + C\cdot D)$

第1章
第2章
第3章
第4章
第5章
第6章
第7章
第8章
第9章
第10章
第11章
第12章
章末問題解答

第5章　組合せ回路

　以前説明した AND，OR，NAND，NOR などのゲートを用いた論理回路は，出力が現在の入力だけによって決定される．このような論理回路は組合せ回路と呼ばれ，入力信号に 1 または 0 が与えられると出力が確定する．

　本章では，入力と出力の関係を表した真理値表をもとに論理式を，さらに項数を減らすなど簡単化した論理式の導き方を学ぶ．次に，この簡単化した論理式からゲートを用いた論理回路を構成し，トランジスタ数や段数などの点で効率の良い NAND ゲートを用いた構成法へと展開する．

☆この章で使う基礎事項☆

基礎5-1　データと制御信号

ディジタル回路では，データやそれを制御する制御信号もパルス信号である．この章では，特にデータの流れと制御信号の関係を理解することが組合せ回路の理解につながる．

基礎5-2　組合せ回路

出力が現在の入力によってのみ決定される回路を組合せ回路という．たとえば，100円のドリンクだけで，しかも100円硬貨だけを利用できる自動販売機であれば，組合せ回路で構成できる．他の例として，ある議案に対して，賛成反対を多数決で決める場合，過半数以上の賛成 "1" の入力があれば出力が賛成 "1" となる回路は多数決回路と呼ばれ，組合せ回路で構成できる．

5-1 真理値表から論理式へ

本節では，真理値表が与えられた場合にその入出力関係を満足する論理式を導く方法について説明する．論理式での表現法には，主加法標準形と呼ばれる積和項式と主乗法標準形と呼ばれる和積項式の2つがある．

(1) 主加法標準形

図 5-1 に示す 3 入力 1 出力の多数決回路について，出力 f を入力 A, B, C を用いた式で表すことを考える．表 5-1 はこの多数決回路の入出力関係を表す真理値表である．

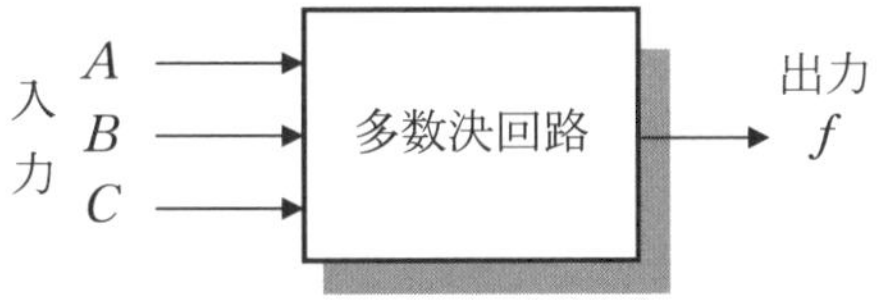

図 5-1 多数決回路

表 5-1 真理値表

入力			出力
A	B	C	f
0	0	0	0
0	0	1	0
0	1	0	0
0	1	1	1
1	0	0	0
1	0	1	1
1	1	0	1
1	1	1	1

はじめに，真理値表で出力 f が 1 となる場合の入力に着目する．出力 f は入力 A, B, C の値が順に 011，101，110，111 のいずれかをとるときのみ 1 となる関数である．たとえば，$A = 0$, $B = 1$, $C = 1$ の組合せで $f = 1$ とするためには，論理積の形で表現すれば $\overline{A} \cdot B \cdot C$ となる．したがって，出力 f は次のようになる．

$$f = \overline{A} \cdot B \cdot C + A \cdot \overline{B} \cdot C + A \cdot B \cdot \overline{C} + A \cdot B \cdot C \qquad (5\text{-}1)$$

この式が正しいことは，表 5-1 のすべての入力の値を代入すること

により確認できる. たとえば, この真理値表の 1 行目は次のようになる.

$$f = \overline{0} \cdot 0 \cdot 0 + 0 \cdot \overline{0} \cdot 0 + 0 \cdot 0 \cdot \overline{0} + 0 \cdot 0 \cdot 0$$

$$= 1 \cdot 0 \cdot 0 + 0 \cdot 1 \cdot 0 + 0 \cdot 0 \cdot 1 + 0 \cdot 0 \cdot 0 = 0$$

　式 (5-1) のように, 出力 f は論理積で表した各項に A, B, C の 3 変数 (変数の否定も含め) がすべて含まれていて, これらを論理和の形で表した式である. このようなすべての変数を含んだ論理積の項を論理和の形で表した式を主加法標準形という.

(2)　主乗法標準形

　表 5-1 の真理値表において, 今度は $f = 0$, すなわち, $\overline{f} = 1$ に着目すると次の論理式が得られる.

$$\overline{f} = \overline{A} \cdot \overline{B} \cdot \overline{C} + \overline{A} \cdot \overline{B} \cdot C + \overline{A} \cdot B \cdot \overline{C} + A \cdot \overline{B} \cdot \overline{C}$$

$$\therefore f = \overline{\overline{A} \cdot \overline{B} \cdot \overline{C} + \overline{A} \cdot \overline{B} \cdot C + \overline{A} \cdot B \cdot \overline{C} + A \cdot \overline{B} \cdot \overline{C}}$$

$$= \overline{\overline{A} \cdot \overline{B} \cdot \overline{C}} \cdot \overline{\overline{A} \cdot \overline{B} \cdot C} \cdot \overline{\overline{A} \cdot B \cdot \overline{C}} \cdot \overline{A \cdot \overline{B} \cdot \overline{C}}$$

$$= (A + B + C) \cdot (A + B + \overline{C}) \cdot (A + \overline{B} + C) \cdot (\overline{A} + B + C)$$

$$(5\text{-}2)$$

　このように, 出力 f は論理和で表した各項に A, B, C の 3 変数 (変数の否定も含め) がすべて含まれていて, これらを論理積の形で表した式である. このようなすべての変数を含んだ論理和の項を論理積の形で表した式を主乗法標準形という.

5-2　論理式の簡単化

　5-1 節で求めた主加法標準形や主乗法標準形の論理式をそのまま論理回路で実現すると, 一般には冗長なゲートやそれに伴う配線が含まれている. そこで, すべての入出力関係を保ったままでできるだけ少ないゲート数を用いて論理回路を実現することを, 論理回路の簡単化という. この結果, ゲート数の削減とあいまって配線数の減少による

論理回路の小型化や信頼性の向上，また，消費電力の低下が実現できる．さらに，段数の削減による処理の高速化も期待できる．

ここでは，ブール代数の基本定理を活用して論理式を簡単化する方法と，カルノー図と呼ばれる方法を用いて簡単化する2つの方法を取り上げる．

(1) 式の変形による簡単化

この簡単化の基本原理は，ブール代数の基本定理である $A + \overline{A} = 1$ や $A + \overline{A} \cdot B = A + B$ などを用いて冗長性をなくしていくことにある．たとえば式（5-1）は以下のように簡単化できる．

$$f = \overline{A} \cdot B \cdot C + A \cdot \overline{B} \cdot C + A \cdot B \cdot \overline{C} + A \cdot B \cdot C$$
$$= B \cdot C \ (\overline{A} + A) \ + A \cdot \overline{B} \cdot C + A \cdot B \cdot \overline{C}$$
$$= B \cdot C \cdot 1 + A \cdot \overline{B} \cdot C + A \cdot B \cdot \overline{C}$$
$$= B \cdot C + A \cdot \overline{B} \cdot C + A \cdot B \cdot \overline{C}$$
$$= C \cdot (B + \overline{B} \cdot A) \ + A \cdot B \cdot \overline{C} = C \cdot (B + A) \ + A \cdot B \cdot \overline{C}$$
$$= B \cdot C + C \cdot A + A \cdot B \cdot \overline{C} = B \cdot C + A \cdot (C + \overline{C} \cdot B)$$
$$= B \cdot C + A \cdot (C + B) = A \cdot B + B \cdot C + C \cdot A$$

この例のように，変数や項の数が少ない場合には，論理式を変形することで比較的容易に簡単化できる．

(2) カルノー図を用いた簡単化

カルノー図（Karnaugh Map）は，論理関数の簡単化を図形的に求める方法である．**図 5-2** に示すように，変数を2つのグループに分けて行列を作る．3変数のカルノー図は 2^3 個のセルからなり，各セルはその変数の組み合わせに対する基本積に対応する．

カルノー図を作成する上で注意すべきことは，入力変数の各セルへの割当てに関して，たがいに隣り合う入力変数の組み合わせが常に1ビットだけ異なるように，かつ，全体としてそれらが互いにサイクリックになるように決めることである．図5-2に示すように，AB に

C AB	0	1
00	$\overline{A}\cdot\overline{B}\cdot\overline{C}$	$\overline{A}\cdot\overline{B}\cdot C$
01	$\overline{A}\cdot B\cdot\overline{C}$	$\overline{A}\cdot B\cdot C$
11	$A\cdot B\cdot\overline{C}$	$A\cdot B\cdot C$
10	$A\cdot\overline{B}\cdot\overline{C}$	$A\cdot\overline{B}\cdot C$

図5-2　3変数のカルノー図

関して 00, 01, 11, 10 と並べることである. この理由については, 以下の簡単化の手順の中で説明する.

●簡単化の手順

1) 簡単化しようとする論理式の各項に対応するカルノー図のセルに "1" を記入する.

2) その "1" を以下の要領でループで囲む.

可能な限り行のセルの数, 列のセルの数が2のべき乗で, かつ, 最大のグループになるように囲む. 隣り合わないセルや対角線上のセルの "1" はループで囲まない. また, ループは重複してもよい. 3変数の場合は以下の手順となる.

① 8個でループになる "1" を囲む.

② 4個でループになる "1" を囲む.

③ 2個でループになる "1" を囲む.

④ 1個でループになる "1" を囲む.

3) 以下の手順で簡単化した式を求める.

① 各ループごとに変数の積で表された項を取り出す. その際, 同じループの中で変数の値が "1" と "0" の両方の値をもつ変数は省略する.

② 変数の値が "0" のものはその変数の否定を取り出し, "1" のものはそのまま取り出して論理積の項を作る.

③ これらの項の論理和をとると, 簡単化した論理式が得られる.

C \\ AB	0	1
00		
01		①
11	①	①
10		1

図 5-3　カルノー図による簡単化

　図 5-1 の多数決回路について，**図 5-3** にカルノー図を示す．手順に従って簡単化した結果，簡単化した式は次のようになる．

$$f = A{\cdot}B + B{\cdot}C + C{\cdot}A \tag{5-3}$$

　この式で，たとえば右辺の第 1 項は図の横長のループから得た結果である．このループにある 1 は，$A{\cdot}B{\cdot}\overline{C}$ と $A{\cdot}B{\cdot}C$ を表しているのでまとめて簡単化すると

$$A{\cdot}B{\cdot}\overline{C} + A{\cdot}B{\cdot}C = A{\cdot}B\ (\overline{C} + C) = A{\cdot}B$$

となる．ここで，C はループにおいて 0 と 1 の両方を含んでいる．したがって，$\overline{C} + C = 1$ を用いることで，C に依存しないことから省略できる．

　次に，図 5-3 の AB に関して 00，01，11，10 と並べる理由について説明する．図で縦長のループのうち上方のループで囲まれた 2 つのセルに関して，C はともに 1 である．一方，A，B に関しては $\overline{A}{\cdot}B$ と $A{\cdot}B$ を表している．隣りどうしを 1 ビットだけ異なるように並べることで，隣り合ったセルがともに 1 の場合，$\overline{A}{\cdot}B + A{\cdot}B = (\overline{A} + A){\cdot}B = B$ となり，A を省略することができる．したがって，このループは $B{\cdot}C$ とまとめることができる．同様に，残りのループは $C{\cdot}A$ と簡単化でき，式 (5-3) が得られる．もし，AB を 00，01，10，11 と並べると，隣りどうしの 01 と 10 がともに 1 であっても，$\overline{A}{\cdot}B + A{\cdot}\overline{B}$ となり，簡単化することはできない．

　カルノー図で，10 の隣りが 00 でやはり 1 ビットだけ異なっている

ことに着目しよう．すなわち，サイクリックに構成されているため，この両方のセルが1であれば，ループで囲むことができる．例題で確認しよう．

> **＜例題5-1＞** $f = \overline{A}\cdot\overline{B}\cdot\overline{C} + A\cdot\overline{B}\cdot C + A\cdot\overline{B}\cdot\overline{C} + A\cdot B\cdot C$ を簡単化せよ．

＜解答＞

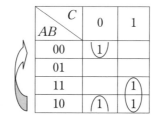

図5-4　3変数のカルノー図

$$f = A\cdot C + \overline{B}\cdot\overline{C}$$

> **＜例題5-2＞** $f = (A + D)\cdot B\cdot\overline{C} + \overline{A}\cdot C\cdot D$ を簡単化せよ．

＜解答＞　まず，式を積和形式の主加法標準形（各項を4変数）にする．$f = A\cdot B\cdot\overline{C} + B\cdot\overline{C}\cdot D + \overline{A}\cdot C\cdot D$

$$= A\cdot B\cdot\overline{C}\cdot(D + \overline{D}) + (A + \overline{A})\cdot B\cdot\overline{C}\cdot D + \overline{A}\cdot(B + \overline{B})\cdot C\cdot D$$

$$= A\cdot B\cdot\overline{C}\cdot D + A\cdot B\cdot\overline{C}\cdot\overline{D} + \overline{A}\cdot B\cdot\overline{C}\cdot D + \overline{A}\cdot B\cdot C\cdot D$$

$$+ \overline{A}\cdot\overline{B}\cdot C\cdot D = A\cdot B\cdot\overline{C} + B\cdot\overline{C}\cdot D + \overline{A}\cdot C\cdot D$$

CD \ AB	00	01	11	10
00			1	
01		1	1	
11	1	1		
10				

図5-5　4変数のカルノー図

5-3 論理回路の構成

一般に，真理値表から目的の論理回路までの流れは**図 5-6** のように表せる．

```
┌─────────────────┐
│  真理値表の作成  │
└─────────────────┘
        ⬇ 主加法標準形
┌─────────────────┐
│   論理式の導出   │
└─────────────────┘
        ⬇ カルノー図
┌───────────────────────┐
│ 簡単化した論理式の導出 │
└───────────────────────┘
        ⬇ AND, OR, NOT
┌─────────────────────┐
│   論理回路の構成 I   │
└─────────────────────┘
        ⬇ NAND
┌─────────────────────┐
│   論理回路の構成 II  │
└─────────────────────┘
```

図 5-6 論理回路実現までの手順

多数決回路の真理値表，表 5-1 から得られた式（5-1）の論理式をもとに，ゲートを用いて構成した論理回路が**図 5-7**（a）である．一方，簡単化された論理式をもとに構成した回路が図 5-7（b）である．さらに，NAND ゲートだけで表した回路が図 5-7（c）である．

図 5-7 の（a），（b），（c）を使用されているトランジスタ数で比較すると，（a）は 48 個，（b）は 26 個，（c）は 18 個となり，NAND ゲートだけで構成するとトランジスタ数を減少できるとともに，一般には，段数も減ることとなる．その結果，高速化が図れ，消費電力も抑えられるなど多くのメリットが得られる．

次に，もう 1 つ例題を実行してみよう．

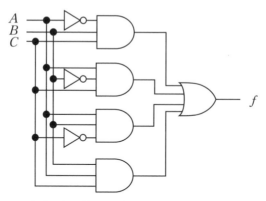

（a）真理値表に基づく回路

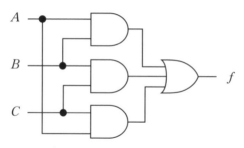

（b）簡単化された回路

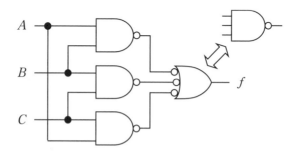

（c）NAND ゲートで構成

図 5-7　多数決回路（3 変数)

＜例題 5-3＞　決定権

社長と副社長 2 人の役員に会社の決定権があり，社長の賛成または社長が反対しても 2 人の副社長が賛成すれば会社の決定は賛成になるとする．①真理値表の作成，②論理式の導出，③論理式の簡単化，④論理回路の構成，⑤ NAND ゲートによる構成の手順で，この条件を満足する論理回路を構成せよ．

＜解答＞

①　真理値表の作成

入力変数として社長を A，2 人の副社長を B，C とし，各変数とも賛成の場合を 1 とする．また，出力関数を f とし，会社の決定が賛成の場合を 1 とする．

表 5-2

入力			出力
A	B	C	f
0	0	0	0
0	0	1	0
0	1	0	0
0	1	1	1
1	0	0	1
1	0	1	1
1	1	0	1
1	1	1	1

②　論理式の導出

$$f = \overline{A} \cdot B \cdot C + A \cdot \overline{B} \cdot \overline{C} + A \cdot \overline{B} \cdot C$$
$$+ A \cdot B \cdot \overline{C} + A \cdot B \cdot C$$

③ 論理式の簡単化

	C	0	1
AB			
00			
01			1
11		1	1
10		1	1

図 5-8

$$f = A + B \cdot C$$

④ 論理回路の構成

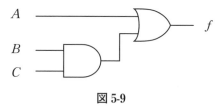

図 5-9

⑤ NAND ゲートによる構成

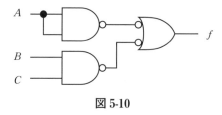

図 5-10

章末問題5

1 図5-11の論理回路を表す論理式を書け.

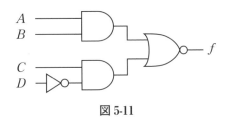

図5-11

2 表5-3の関係を満足するコンパレータ（比較回路）を論理ゲートを用いて構成せよ.

表5-3

入力		出力	
x	y	max (x,y)	min (x,y)
0	0	0	0
0	1	1	0
1	0	1	0
1	1	1	1

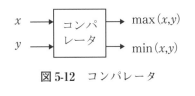

図5-12　コンパレータ

3 図5-12のコンパレータを4個用いて構成した図5-13の回路について, 真理値表5-4を完成させよ.

表5-4

入力				出力			
x_1	x_2	y_1	y_2	z_1	z_2	z_3	z_4
0	0	0	0				
0	1	1	0				
1	0	1	0				
0	0	1	0				
1	1	1	1				

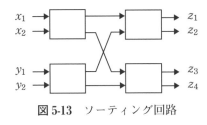

図5-13　ソーティング回路

4 次の論理式を(1) 2 入力 NAND ゲート，(2) 2 入力 NOR ゲートで表し，それぞれの論理素子の使用個数を答えよ．

$$f = A \cdot B + C \cdot D$$

表 5-5

入力			出力
x	y	z	f
0	0	0	0
0	0	1	1
0	1	0	1
0	1	1	0
1	0	0	1
1	0	1	0
1	1	0	0
1	1	1	1

5 表 5-5 は入力 3 ビットのうち奇数個が 1 の場合に出力を 1 とするものである．以下の各問いに答えよ．

(1) 関数 f を主加法標準形で求めよ．

(2) (1)の論理式をもとに論理回路を設計せよ．

6 図 5-14 の論理回路を AND ゲート，OR ゲート，インバータをすべて用いて構成せよ．

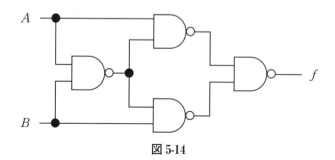

図 5-14

7 $f = x \cdot y \cdot z$ を NAND ゲートだけを用いて構成せよ．

8 $f = x + y + z$ を NOR ゲートだけを用いて構成せよ．

9 図 5-15 の論理回路を簡単化された論理回路で表せ.

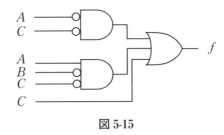

図 5-15

10 次の論理式をカルノー図を用いて簡単化せよ.

$$f = B \cdot \overline{C} \cdot \overline{D} + A \cdot B \cdot C + \overline{A} \cdot B \cdot C + B \cdot C \cdot \overline{D} + \overline{A} \cdot \overline{B} \cdot C$$

11 10 進数 1 桁の 9 の補数を求める論理式を示せ.

第6章　代表的な組合せ回路

　第5章では真理値表から論理式を導き，それをさらに簡単化して論理回路を構成する方法を学んだ．本章では，コンピュータの入力と出力で符号を変換するためのエンコーダやデコーダ，そして複数の入力データから1つを選択して出力するマルチプレクサや，それとは逆に1つのデータを2つ以上の出力に振り分けるデマルチプレクサについて説明する．また，演算回路における数値データの大小を判断するためなどに用いられる比較回路について学ぶ．さらに，データの誤りを検出するための回路やその誤りを訂正するための回路について解説する．

☆この章で使う基礎事項☆

基礎 6-1　符号器と解読器

コンピュータは，われわれが用いる 10 進数を 2 進数に変換して処理を行う．この処理は符号器（エンコーダ）が行う．また，コンピュータで処理された結果は 2 進数から 10 進数に変換されて出力される．この処理を行うのが解読器（デコーダ）である．

基礎 6-2　コンパレータ

2 つの入力信号を比較し，大小関係や一致するかなどの結果を出力する回路である．

6-1 エンコーダとデコーダ

　コンピュータでさまざまな処理をする場合，われわれが日常使用している 10 進数のデータを何らかの方法で 2 進数のデータに変換する必要がある．このような目的で使われる組合せ回路をエンコーダ（encoder：符号器）という．逆に，コンピュータで処理された 2 進数のデータを 10 進数のデータへ変換する組合せ回路をデコーダ（decoder：解読器）という．**図6-1** にキーボード（10 キー）から入力された 10 進数のデータが 2 進数のデータに変換され，コンピュータで処理された後，10 進数に変換されて LED が点灯する様子を表している．

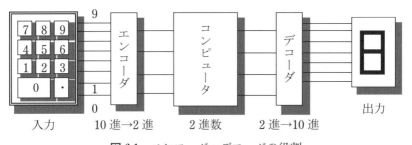

図6-1 エンコーダ・デコーダの役割

⑴ エンコーダ

図 **6-2** に示したエンコーダ（encoder）は，キーボードからの電気的な入力信号をコンピュータで用いられる 2 進符号に変換する回路である．

表 **6-1** は，図 6-2 のエンコーダの 0～9 までの 10 進数入力に対して 2 進数表現である BCD 符号（$DCBA$）が出力される．たとえば，キーボードの数字キー 9 が押されると，出力 D と A がともに 1，B と C がともに 0 となる．これは，出力 D は 2^3，A は 2^0 の重みをもっているからである．

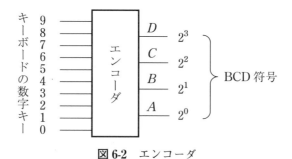

図 6-2 エンコーダ

表 **6-1** エンコーダの真理値表

入力	出力			
10 進数	2 進数			
	D	C	B	A
0	0	0	0	0
1	0	0	0	1
2	0	0	1	0
3	0	0	1	1
4	0	1	0	0
5	0	1	0	1
6	0	1	1	0
7	0	1	1	1
8	1	0	0	0
9	1	0	0	1

図**6-3**はゲート回路で構成したエンコーダである．この回路では，複数の入力キーを押したときには出力に誤った信号が出される．たとえば，数字キーの3と4が同時に押されると，$(2^3, 2^2, 2^1, 2^0) = (0, 1, 1, 1)$ が出力されて，数字キーの7が押された場合と同じBCD符号が出力されてしまう．2つ以上の数字キーが押された場合は受け付けなかったり，より大きい数字を優先して入力とみなすように回路を構成することもできる．

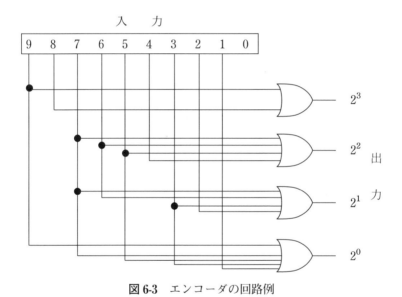

図**6-3** エンコーダの回路例

(2) デコーダ

図 6-4 に示したデコーダ（decoder）は，コンピュータで用いられた 2 進符号による情報を，人間にとって理解しやすい 10 進符号表現に変換する回路である．解読器または復号器とも呼ばれる．表 6-2 に 2 進-10 進デコーダの真理値表を示す．たとえば，$(2^3, 2^2, 2^1, 2^0) = (0, 0, 1, 1)$ のときは，値が 0 の 2^3，2^2 の入力信号を反転し，値が 1 の 2^1，2^0 との AND をとり，出力 3 に接続すればよい．図 6-5 はゲート回路で構成したデコーダである．

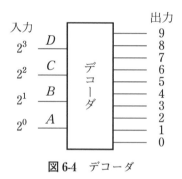

図 6-4　デコーダ

表 6-2　デコーダの真理値表

入力				出力									
D	C	B	A	0	1	2	3	4	5	6	7	8	9
2^3	2^2	2^1	2^0										
0	0	0	0	1	0	0	0	0	0	0	0	0	0
0	0	0	1	0	1	0	0	0	0	0	0	0	0
0	0	1	0	0	0	1	0	0	0	0	0	0	0
0	0	1	1	0	0	0	1	0	0	0	0	0	0
0	1	0	0	0	0	0	0	1	0	0	0	0	0
0	1	0	1	0	0	0	0	0	1	0	0	0	0
0	1	1	0	0	0	0	0	0	0	1	0	0	0
0	1	1	1	0	0	0	0	0	0	0	1	0	0
1	0	0	0	0	0	0	0	0	0	0	0	1	0
1	0	0	1	0	0	0	0	0	0	0	0	0	1

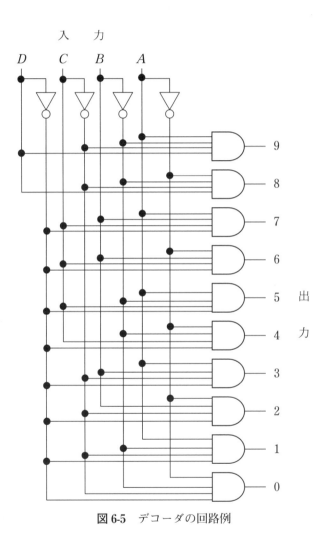

図 **6-5** デコーダの回路例

6-2 マルチプレクサとデマルチプレクサ

(1) マルチプレクサ

マルチプレクサ（multiplexer）は，**図6-6**に示すように，複数の入力から1つを選んでそれを出力する回路である．そのような意味で，データセレクタ（data selector）とも呼ばれる．制御信号に加えられる値によって選ばれる入力が決定される．**表6-3**に4入力1出力のマルチプレクサの真理値表を，**図6-7**（a）にブロック図，（b）にその回路例を示す．この場合，4つの入力を区別できればよいので，制御信号はS_1，S_0の2ビットを用いた00，01，10，11により入力を選択する．

(2) デマルチプレクサ

デマルチプレクサ（demultiplexer）は，マルチプレクサとは逆に，1本の入力を複数の出力のいずれかに振り分ける回路である．**表6-4**に1入力4出力のデマルチプレクサの真理値表を，**図6-8**（a）にブロック図，（b）にその回路例を示す．デマルチプレクサでは，制御信号は出力を選択するために用いる．この例では，S_1，S_0の組合せ00，01，10，11により出力を選択する．

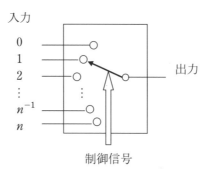

図6-6 マルチプレクサ

表6-3 真理値表

制御信号		出力
S_1	S_0	
0	0	0
0	1	1
1	0	2
1	1	3

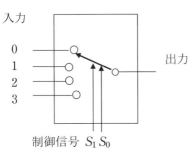

（a）ブロック図

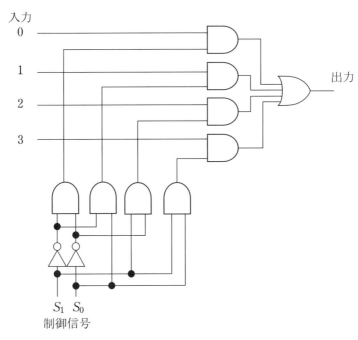

（b）回路

図6-7 4入力1出力マルチプレクサ

表 6-4　真理値表

制御信号 S_1	S_0	出力
0	0	0
0	1	1
1	0	2
1	1	3

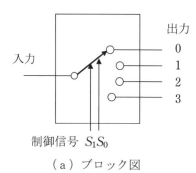

（a）ブロック図

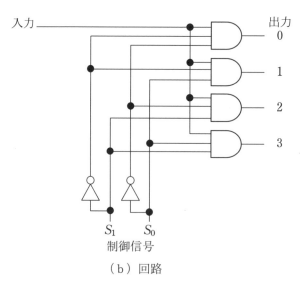

（b）回路

図 6-8　1 入力 4 出力デマルチプレクサ

6-3　比較回路

　比較回路（コンパレータ：comparator）は，2つの入力 A, B の値を比較し，大小関係に応じて出力値が決定される回路である．

　はじめに，比較回路の中でも**図 6-9** に示すように，A と B の値の一致・不一致を判断する回路を考える．

　2入力 A, B の大小に対して，入力 A と B が同じ信号値のとき出力 f が1になる回路を一致回路という．すなわち，

$$\begin{cases} A = B \text{のとき} f = 1 \\ A \neq B \text{のとき} f = 0 \end{cases}$$

となる．この条件を真理値表で表すと**表 6-5** になる．

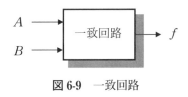

図 6-9　一致回路

表 6-5　一致回路の真理値表

入力		出力
A	B	f
0	0	1
0	1	0
1	0	0
1	1	1

よって，$f = \overline{A} \cdot \overline{B} + A \cdot B$ となり，論理回路は**図 6-10** のようになる．

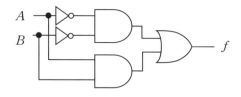

図 6-10　一致回路

次に，大小関係を考慮した比較回路を**図 6-11** に示す．

図 6-11 に示した比較回路は以下のような動作を行う．

① 　$A < B$ のとき $f_{A < B} = 1,\ f_{A = B} = 0,\ f_{A > B} = 0$

② 　$A = B$ のとき $f_{A < B} = 0,\ f_{A = B} = 1,\ f_{A > B} = 0$

③ 　$A > B$ のとき $f_{A < B} = 0,\ f_{A = B} = 0,\ f_{A > B} = 1$

このような条件を真理値表に表すと**表 6-6** のようになる．

この真理値表より，まず A と B が等しくない場合の出力 $f_{A < B}$ と $f_{A > B}$ は以下のように表せる．

① 　$f_{A < B} = \overline{A} \cdot B$

③ 　$f_{A > B} = A \cdot \overline{B}$

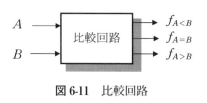

図 6-11　比較回路

表 6-6　比較回路の真理値表

入力		出力		
A	B	$f_{A < B}$	$f_{A = B}$	$f_{A > B}$
0	0	0	1	0
0	1	1	0	0
1	0	0	0	1
1	1	0	1	0

一方，AとBが等しい場合の出力は以下のようになる．

② $f_{A=B} = \overline{\overline{A}\cdot\overline{B}} + \overline{A\cdot B} = \overline{\overline{\overline{A}\cdot\overline{B}}+\overline{A\cdot B}} = \overline{\overline{\overline{A}\cdot\overline{B}}\cdot\overline{\overline{A\cdot B}}}$

$= \overline{(A+B)\cdot(\overline{A}+\overline{B})} = \overline{A\cdot\overline{B}+\overline{A}\cdot B} = \overline{A\oplus B}$

また，A と B が等しい場合の出力は，A と B が等しくない場合の出力の否定をとればよいことが分かる．したがって，①と③の NOR をとると

$$f_{A=B} = \overline{f_{A<B}+f_{A>B}} = \overline{\overline{A}\cdot B+A\cdot\overline{B}} = \overline{A\oplus B}$$

となり，これらの論理式から図 **6-12** の比較回路で表される．

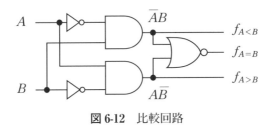

図 6-12 比較回路

6-4 誤り検出方式と誤り訂正符号

(1) 誤り検出方式

コンピュータ内部の回路間のデータ転送や通信回線を使ったコンピュータ間でのデータ通信において，ノイズなどによってデータに誤りが発生することも考えられる．このような誤りを検出する回路が，誤り検出回路であり，代表的な方法にパリティチェック（parity check）がある．パリティチェックは，データにパリティビットと呼ばれる 1 ビットの検査用ビットを付加して，ビット列の 1 の個数を調べることで誤りを検出する方式である．パリティビットを付加する際

に，ビット列に含まれる 1 の個数を偶数にする方式を偶数パリティ，奇数にする方式を奇数パリティという．偶数にするのか奇数にするのかをあらかじめ送信側と受信側で決めておく．**図 6-13** は偶数パリティチェックを例にとり，誤り検出の方法を示している．図において，送信側のデータ「1000001」はアスキーコードでは「A」を表している．このビット列に含まれる 1 の個数は 2 個（偶数）なので，パリティビットに 0 を付加する．このデータが受信側ではパリティビットを含めると「01000011」（アスキーコードでは「C」）で，1 の個数は 3 個（奇数）である．この結果，通信途中で 1 ビットの誤りが発生したと考えられる．もし，この誤りが一時的な誤りであれば，再度送信を行うことにより正しく伝送される．

パリティチェックは，データに 1 ビットのパリティビットを付加することで，1 ビット（正確には奇数個）の誤りに対して検出が可能であり，2 ビット（正確には偶数個）誤った場合には検出できない．

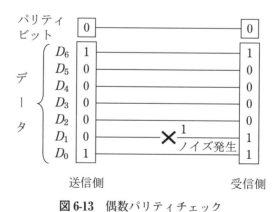

図 6-13　偶数パリティチェック

次に，図 6-13 でパリティビットを作り出す回路（パリティジェネレータ）を考えてみよう．

データを入力として付加すべきパリティビットを出力とする回路は，

データに含まれる1の個数が偶数であれば出力を0に，奇数であれば出力を1とする構成である．これは，排他的論理和を用いて**図 6-14**のように構成できる．

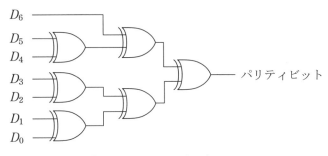

図 6-14 パリティジェネレータ

次に受信側で用いられるパリティチェック回路を**図 6-15**に示す．入力は D_0 から D_6 までの7ビットのデータと図6-14で作られたパリティビットからなる．また，出力はパリティビットを含めたデータに誤りがなければ0，誤りがあれば1となる．

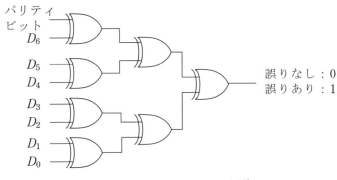

図 6-15 パリティチェック回路

(2) 誤り訂正符号

パリティチェックは1ビットの誤りを検出することはできるが，正しいデータに戻すことはできない．誤り訂正符号は，データの誤りを

検出・訂正できる符号で，代表的なものにハミングコード（Hamming code）がある．

ハミングコードは1ビットの誤りを訂正でき，2ビットの誤り検出ができる．

ハミングコードでは，データのほかに検査ビットが付加される．たとえば，データが4ビットの場合，検査ビットは3ビットで合計7ビット必要になる（**表6-7**）．

表6-7　ハミングコード

10進数	P_1	P_2	D_3	P_4	D_5	D_6	D_7	10進数	P_1	P_2	D_3	P_4	D_5	D_6	D_7
0	0	0	0	0	0	0	0	8	1	1	1	0	0	0	0
1	1	1	0	1	0	0	1	9	0	0	1	1	0	0	1
2	0	1	0	1	0	1	0	10	1	0	1	1	0	1	0
3	1	0	0	0	0	1	1	11	0	1	1	0	0	1	1
4	1	0	0	1	1	0	0	12	0	1	1	1	1	0	0
5	0	1	0	0	1	0	1	13	1	0	1	0	1	0	1
6	1	1	0	0	1	1	0	14	0	0	1	0	1	1	0
7	0	0	0	1	1	1	1	15	1	1	1	1	1	1	1

表6-7のハミングコードで，D_3，D_5，D_6，D_7 はデータビット，P_1，P_2，P_4 は誤り訂正のために付加された検査ビットである．このハミングコードは以下の式を満足するように，検査ビットに1と0が割り当てられている．

$$\begin{cases} P_1 + D_3 + D_5 + D_7 \underset{\text{mod2}}{=} q_1 \\ P_2 + D_3 + D_6 + D_7 \underset{\text{mod2}}{=} q_2 \\ P_4 + D_5 + D_6 + D_7 \underset{\text{mod2}}{=} q_4 \end{cases}$$

この式でmod2はモジュロ演算を表していて，左辺のビット1の個数を2で割った余りが右辺となる．すなわち，左辺の1の個数が偶数

であれば 0, 奇数であれば 1 となる.

正しいハミングコードは, q_1, q_2, q_4 がすべて 0 である. 一方, 誤りがある場合, その位置は $q_4q_2q_1$ なる 2 進数で示される.

<例題 6-1> 10 進数の 7 (0001111) を送信し, 受信側では 0001101 となった. 誤りを訂正せよ.

<解答> $(P_1P_2D_3P_4D_5D_6D_7) = (0001101)$ であるから上の式に代入した結果, $q_4q_2q_1 = 110 = 6_{10}$ となり D_6 に誤りが発生していることが分かる. 正しいデータはそのビットを反転することで得られる.

章末問題 6

1 2 ビットのデータ $A = (A_1, A_0)$, $B = (B_1, B_0)$ の大小を比較する比較回路を設計せよ.

2 次のハミングコードは正しいか. 誤っていれば訂正せよ.

(1) 0000111　　(2) 1010001

3 表 6-8 に示すデマルチプレクサの真理値表をもとに, 論理回路を設計せよ.

表 6-8　真理値表

入力		出力	
A	B	f_1	f_2
0	0	0	0
0	1	0	0
1	0	0	1
1	1	1	0

4 4 ビット奇数パリティチェック回路を設計せよ.

5 4 ビット偶数パリティジェネレータを設計せよ.

第7章　2進演算と算術演算回路

　2進数の0と1の加算だけで基本的にすべての演算が実行できるのが現代のコンピュータである．たとえば，減算は以下に述べる補数の考え方を取り入れると加算に置き換えて実現できる．また，乗算や除算は，専用の乗算器や減算器を用いる場合と比較して演算時間はかかるが，乗算は加算の繰り返し，除算は減算の繰り返しで実現できるので，すべての四則演算は，加算に置き換えることができる．

☆この章で使う基礎事項☆

基礎 7-1　基本演算

コンピュータが行っているのは 2 進数を用いた演算である．しかも，ほとんどの演算は加算を基本として行われる．$0 + 0 = 0$, $0 + 1 = 1$, $1 + 0 = 1$, $1 + 1 = 10$ の 4 通り．

基礎 7-2　補数

コンピュータで行われる演算は，加算が基本であるが，減算はどのように行われるのだろうか．減算は正数と負数の加算と置き換えられる．10 進数で，たとえば，$24 - 10$ は $24 + (100 - 10) - 100$ と変形できる．ここで，かっこ内の $100 - 10$ が 10 にいくつ加えれば 100 になるかという 10 の補数を表している．答えは 90 である．つぎに，24 にこの 90 を加えると結果は 114 になるが，今対象としているのは 2 桁の演算なので最上位桁の 1 を無視することで減算結果 14 が得られる．ここで，100 の最上位桁の 1 を無視することは，先の 100 を引いたことに相当する．

10 進数で 10 の補数を求めるためには複雑な回路が要求されるが，2 進数で 2 の補数を求めるためには，インバータと加算器だけの簡単な回路で実現できる．

7-1 2進加算

(1)　加算

2進数には1と0しかないので，1ビットの加算は次の3通りだけである（0＋1と1＋0は同じ）.

$$\begin{array}{r} 0 \\ +\,0 \\ \hline 0 \end{array} \qquad \begin{array}{r} 1 \\ +\,0 \\ \hline 1 \end{array} \qquad \begin{array}{r} 1 \\ +\,1 \\ \hline 10 \end{array}$$

最後の1＋1は桁上げが生じて結果は10となる．1が桁上げ，和が0である．この加算結果を**表7-1**の真理値表に示す．この表に示す加算は半加算器（Half Adder：HA）を用いて構成できる．**図7-1**（a）はゲート回路を用いた論理回路で，図7-1（b）はその論理記号である．半加算器は，ANDゲートとXORゲートを用いて構成できる．

表7-1　2進数1桁の加算の真理値表

入力		出力	
A	B	桁上げ出力 C	和 S
0	0	0	0
0	1	0	1
1	0	0	1
1	1	1	0

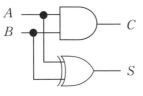

（a）論理回路

（b）論理記号

図7-1　半加算器

　次に，桁の繰り上げを考える．以下に示す2ビットの加算を考えてみよう．

$$
\begin{array}{r}
11 \\
+\ 11 \\
\hline
110
\end{array}
$$

　この加算において，2^0 の重みをもつ桁では $1 + 1 = 10$ となって 2^1 への桁上げは1となる．したがって，2^1 の重みをもつ桁での加算は $1 + 1 + 1$ となり，下位からの桁上げも含めなければならない．この加算結果は11で，桁上げ，和ともに1となる．すなわち，整数の加算では 2^0 の重み以外のすべての桁で3入力加算を必要とする．このような加算を実行するのが全加算器（Full Adder：FA）である．**表7-2** はその入出力関係を示しているが，0を加算しても結果に影響を及ぼさないので，表7-1 とほぼ変わりはない．ただ1か所，$1 + 1 + 1$ に注意を要する．

表7-2　全加算器の真理値表

入力			出力	
		桁上げ入力	桁上げ出力	和
A	B	C_{-1}	C	S
0	0	0	0	0
0	0	1	0	1
0	1	0	0	1
0	1	1	1	0
1	0	0	0	1
1	0	1	1	0
1	1	0	1	0
1	1	1	1	1

　この真理値表から，桁上げ出力 C と和 S は次のように表される．

$$C = \overline{A} \cdot B \cdot C_{-1} + A \cdot \overline{B} \cdot C_{-1} + A \cdot B \cdot \overline{C_{-1}} + A \cdot B \cdot C_{-1} \quad (7\text{-}1)$$

$$S = \overline{A} \cdot \overline{B} \cdot C_{-1} + \overline{A} \cdot B \cdot \overline{C_{-1}} + A \cdot \overline{B} \cdot \overline{C_{-1}} + A \cdot B \cdot C_{-1} \quad (7\text{-}2)$$

また，式 (7-1) を変形すると

$$C = (A \oplus B) \cdot C_{-1} + A \cdot B$$

となる．さらに，式 (7-2) を変形して

$$S = C_{-1} \cdot (\overline{A} \cdot \overline{B} + A \cdot B) + \overline{C_{-1}} \cdot (\overline{A} \cdot B + A \cdot \overline{B})$$
$$= C_{-1} \cdot (\overline{A \oplus B}) + \overline{C_{-1}} \cdot (A \oplus B) = (A \oplus B) \oplus C_{-1}$$

となる．したがって，全加算器は，**図 7-2** に示すように 2 つの半加算器と OR ゲートを用いて構成できる．

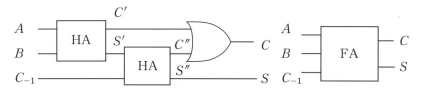

（a）半加算器と OR ゲートによる構成 　　　（b）論理記号

図 7-2　全加算器

⑵　**減算**

2 進数 1 ビットの減算には，0-0，1-0，1-1，0-1 の 4 通りがある．

はじめに，減算が補数表現を用いることにより加算に置き換えて実現できることを 10 進数で説明する．

＜例 1 ＞　$836_{10} - 817_{10}$

この減算を，次のように変形する．

$$836 - 817 = 836 + \underbrace{(1000 - 817)}_{10 \text{ の補数}} - 1000 = 836 + 183 - 1000$$
$$= 19$$

$$\begin{array}{r} 836 \\ + 183 \\ \hline \boxed{1}019 \end{array} \rightarrow 答え：19$$

桁上げ（無視する）

この式からわかるように，減数 817 を直接引くのではなく，ここで扱っている 3 桁で表現できる最大数 999 に 1 を加えた 1000 を全体と

考え，817 を引く替りに 817 の補数を求めて加える操作を行う．この場合，817 の 10 の補数とは，817 にいくつ加えると 1000 になるかという数値のことである．すなわち，183 が 10 の補数で，これを 836 に加算すると 1019 となる．1000 を余計に加算したので，同じ数を引かなければならない．その結果，最終的には 19 が得られる．ここで，1000 を引くということは，対象としている 3 桁の数からの桁上がりを無視するということに相当する．

一般に，10 進数の正数 N に対する 10 の補数 C_r は

$$C_r = 10^n - N$$

で与えられる．ここで，n は N の整数部の桁数である．この例では，$n = 3$ なので，$10^3 = 1000$ から引いている．

次に，減算結果が負となる場合を考えてみよう．

＜例2＞　$817_{10} - 836_{10}$

減数 836 の 10 の補数は，836 にいくつ加算すると 1000 になるかという数のことで 164 となる．＜例1＞と同様に，

$$817 - 836 = 817 + \underbrace{(1000 - 836)}_{\text{10 の補数}} - 1000 = 817 + 164 - 1000$$

$$= -(1000 - 981) = -19$$

$$\begin{array}{r} 817 \\ + 164 \\ \hline \bigcirc 981 \\ \uparrow \end{array}$$

桁上げがない場合は，負の値を意味する．そこで，981 にいくら加えれば 1000 になるかという 10 の補数をとる．19 が得られ，負であるから答えは -19 となる．

2 進数では n ビットの補数表現として 2 の補数がある．最上位ビットは符号ビットで，0 で正，1 で負を表す．

一般に，2進数の正数 N に対する2の補数 C_r は

$$C_r = 2^n - N \qquad (7\text{-}3)$$

で与えられる．ここで，n は N の整数部の桁数である．

たとえば，8ビットの 00101101 は最上位ビットが 0 であるので正とわかる．

$$00101101_2 = 32 + 8 + 4 + 1 = 45_{10}$$

したがって，00101101 に対する2の補数は式(7-3)に当てはめると，

$$2^8 - 00101101 = 100000000 - 00101101 = 11010011 \qquad (7\text{-}4)$$

となる．これが10進数の -45 を表している．

式 (7-4) の過程を詳しく見てみよう．

2^8 は $100000000 = 11111111 + 1$ である．ここで，11111111 を被減数として 00101101 を引いてみよう．

$$
\begin{array}{r}
11111111 \\
-\,00101101 \\
\hline
11010010
\end{array}
$$

ここで，減算結果が減数（00101101）の各ビットの反転となることに着目してほしい．このことから，正数 N に対する2の補数 C_r は，N の各ビットを反転し，最下位ビット (LSB) に1を加えることで求められる．よって，2進数の減算は，減数の2の補数を取り，それを被減数に加えることで行われる．

(3) 2進数による算術演算

2つの2進数 X と Y の和 Z を求める．図 **7-3** に示すように，数値 X, Y, Z はそれぞれ n ビットからなり，符号ビットと数値部に分けて表現する．また，負数は2の補数表現とする．

いま，X, Y, Z の絶対値をそれぞれ X^*, Y^*, Z^* とし，この加算においてオーバフロー (overflow) は生じないものとする．

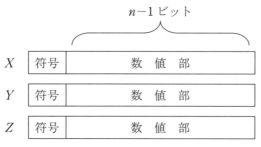

図7-3 数値表現

X, Y の符号の正負により，以下の4つの場合に分けて考える．

① X, Y：ともに正

$$X = X^*, \quad Y = Y^*$$
$$Z = X + Y$$
$$Z^* = X^* + Y^*$$

となる．

＜例1＞ 符号ビットを含めて8ビットで考える．

$$
\begin{array}{rcr}
0001\ 0011 & \cdots & 19_{10} \\
+\ 0000\ 1111 & \cdots & +\ 15_{10} \\
\hline
0010\ 0010 & \cdots & 34_{10}
\end{array}
$$

② X：正，Y：負

$$X = X^*, \quad Y = 2^n - Y^* = 2^{n-1} + \underbrace{(2^{n-1} - Y^*)}_{\text{数値部}}$$

符号ビット

（a）$X^* \geqq Y^*$ のとき

$$Z = X + Y = X^* + 2^n - Y^* = 2^n + (X^* - Y^*)$$

となる．この式で，2^n は符号桁より上位の値であるから無視できる．したがって，Z の符号ビットは0で，絶対値は $X^* - Y^*$ となり正しい結果となる．

＜例2＞

$$\begin{array}{r} 0001\ 0011 \\ +\ \ 1111\ 0001 \\ \hline \boxed{1}\ 0000\ 0100 \end{array} \qquad \begin{array}{r} \cdots \\ \cdots \\ \cdots \end{array} \qquad \begin{array}{r} 19_{10} \\ +\ (-\ 15_{10}) \\ \hline 4_{10} \end{array}$$

↑
桁上げ（無視する）

(b)　$X^* < Y^*$のとき

$$Z = X + Y = X^* + 2^n - Y^* = 2^n - (Y^* - X^*)$$

となる．この式で，$0 < Y^* - X^* < 2^{n-1}$であるから

$$2^{n-1} < 2^n - (Y^* - X^*) < 2^n$$

となる．したがって，Zの符号ビットは1，すなわち負で，数値部は絶対値$Z^* = Y^* - X^*$の2の補数表示となる．

＜例3＞

$$\begin{array}{r} 0000\ 1111 \\ +\ 1110\ 1101 \\ \hline 1111\ 1100 \end{array} \qquad \begin{array}{r} \cdots \\ \cdots \\ \end{array} \qquad \begin{array}{r} 15_{10} \\ +\ (-\ 19_{10}) \\ \hline -4_{10} \end{array}$$

③ X：負，Y：正のときは②と同様

④ X, Y：ともに負

$$Z = X + Y = 2^n - X^* + 2^n - Y^* = 2^n + 2^n - (X^* + Y^*)$$

となる．

この式で，加算結果に影響を与えない第1項の2^nを無視すると

$$Z = 2^n - (X^* + Y^*)$$

となる．また，$0 < X^* + Y^* < 2^{n-1}$であるから

$$2^{n-1} < 2^n - (X^* + Y^*) < 2^n$$

となる．したがって，Zの符号ビットは1，すなわち負で，数値部は絶対値$Z^* = X^* + Y^*$の2の補数表示となる．

第1章
第2章
第3章
第4章
第5章
第6章
第7章
第8章
第9章
第10章
第11章
第12章
章末問題解答

＜例4＞

$$
\begin{array}{rll}
1110\ 1101 & \cdots & -19_{10} \\
+\ 1111\ 0001 & \cdots & +\ (-15_{10}) \\
\hline
\boxed{1}\ 1101\ 1110 & \cdots & -34_{10}
\end{array}
$$

↑
桁上げ（無視する）

　このような2進数の加算を実現するのに，直列加算器または並列加算器を用いる2つの方法がある．次に，それぞれの加算器について説明する．

7-2　直列加算器

　直列加算（serial addition）は数ビットからなる2つの2進数を，2^0 の桁（LSB）から最上位桁（MSB）に向かって順次加算を行う方法で，図7-4に示す直列加算器（serial adder）で行われる．

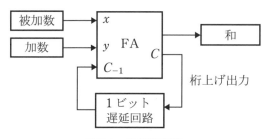

図7-4　直列加算器

　加算は桁上げを含めて3入力の1ビット加算が行われるので，全加算器が必要となる．この場合，下位の桁上げ出力を次の桁に加えるために保持する1ビットの記憶素子（遅延回路）が必要となる．この図で，被加数，加数そして和を記憶するのにシフトレジスタを用いることが多い．加数と被加数は，シフトパルスによってLSBより1ビットずつ入力され，加算結果はLSBより順にビット数だけシフトすることで得られる．

　桁上げ出力 C は，フリップフロップで構成される 1 ビット遅延回路に記憶され，次のビット加算のときの桁上げ入力 C_{-1} となる．

　例として，被加数 00101 と加数 00111 の加算を考える．和を記憶するシフトレジスタと 1 ビット遅延回路の初期値はともに 0 とする（**図7-5**）．

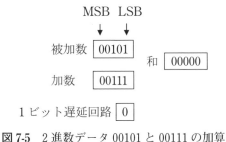

図7-5　2 進数データ 00101 と 00111 の加算

　加算は LSB より順次行われ，各シフトレジスタの値はシフトパルスに同期して右へ 1 ビットシフトする．シフトパルス入力後の各シフトレジスタと 1 ビット遅延回路の値を**図7-6**に示す．

　図に示したように，直列加算器を用いて加算を行うためにはビット数分のシフトパルスを必要とする．

　一般に，直列加算器は，演算処理速度よりも回路構成の単純さを重視する場合に用いられる．

1 個目のシフト
パルス入力後

被加数　　　00010

加　数　　　00011

1 ビット遅延回路　1

和　00000

2 個目のシフト
パルス入力後

被加数　　　00001

加　数　　　00001

1 ビット遅延回路　1

和　00000

3 個目のシフト
パルス入力後

被加数　　　00000

加　数　　　00000

1 ビット遅延回路　1

和　10000

4 個目のシフト
パルス入力後

被加数　　　00000

加　数　　　00000

1 ビット遅延回路　0

和　11000

5 個目のシフト
パルス入力後

被加数　　　00000

加　数　　　00000

1 ビット遅延回路　0

和　01100

図7-6　直列加算器の動作例

7-3　並列加算器

　直列加算は，加算するビット数分のクロックパルスを必要とするた
め，ビット数の増加とともにかなりの時間を要する．一方，加算の高
速化を図る方法として，すべてのビットを同時に加算する並列加算器
（parallel adder）が用いられる．この方法では，ビット数分の全加算
器を必要とするのでハードウェア量は増加するが，桁上げ出力を次の
上位ビットの全加算器の桁上げ入力に加えるだけで済むので，直列加

算器と比較して大幅に高速化が図れる. **図 7-7** に 4 ビットの並列加算器を示す.

ここでは, 4 個とも全加算器を用いている. 和 S_0 を求める LSB の加算には下位からの桁上げを考える必要がないので, C_{-1} はあらかじめ 0 にしておく. したがって, LSB の加算には半加算器を用いることもできる. また, 最上位ビット (MSB) の加算結果による桁上げ出力 C_3 はオーバーフローのとき 1 となる.

この並列加算器では, 下位のビットから桁上げ信号が伝搬していくのにともなって和出力が確定していく. したがって, 最悪の場合, LSB で発生した桁上げ信号が MSB まで伝搬して, MSB の和出力が確定するまでの時間がかかる欠点がある. そこで, 桁上げ信号のみを

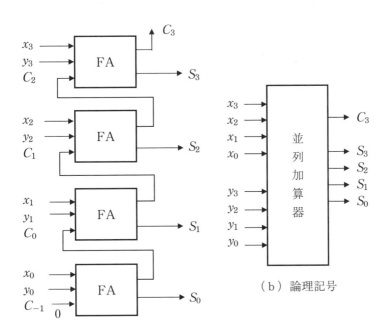

（ a ） 全加算器を用いた構成

（ b ） 論理記号

図 7-7 4 ビット並列加算器

別の論理回路で構成し，並列加算の高速化を実現する桁上げ先見加算器（carry look－ahead adder）が考えられている．この方法では，桁上げ信号を上位ビットまで高速に伝搬させ，全ビットでほぼ同時に桁上げする処理を行えばよい．すなわち，ビットごとに下位のビットからの桁上げ信号の発生を調べて，それに対応する桁上げ出力を先に発生させる方法である．

7–4　加算器を用いた減算

　２進数の減算は，減数の２の補数を取り，それを被減数に加算することにより実現できることをすでに述べた．２の補数は，減数の各ビットを反転し，LSB に１を加えることで得られる．ビット反転はインバータで，LSB に１を加える操作は 2^0 の桁の加算に全加算器を用い，桁上げ入力 C_{-1} に１をセットすることにより実現できる．

　図7-8 に４ビット並列減算器の構成を示す．被減数 $x_3x_2x_1x_0$ から減数 $y_3y_2y_1y_0$ が引かれて差が $D_3D_2D_1D_0$ に得られる．

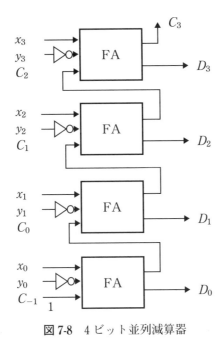

図 7-8 4 ビット並列減算器

章末問題7

1 次の2進数の加算を行え. 加数, 被加数とも正数を表すものとする.

(1)
```
  1110
+ 0011
```

(2)
```
  1011
+ 0111
```

(3)
```
  1111
+ 0111
```

2 半加算器はどのようなゲートで構成されるか.

3 図7-9の半加算器において, 以下の入力パルス列に対する和出力 S と桁上げ出力 C を求めよ.

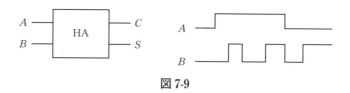

図7-9

4 次の2進数の減算を2の補数表現による加算で行え. 減数, 被減数とも正数を表すものとする.

(1)
```
  1111
- 1010
```

(2)
```
  10001
- 01100
```

(3)
```
  110011
- 000111
```

5 4ビット並列加減算回路を全加算器4個と排他的論理和4個を用いて構成せよ.

6 次の10進数での乗算を2進数で行え.

$6 \times 4 = 24$

7 本文の表7-2に示した全加算器の真理値表から, 全加算器が排他的論理和と多数決回路で構成できることを示せ.

8 表7-3は3あまりコードを表している．このコードに基づく演算を行うための加算器を考える．

表7-3

10進数	3あまりコード
0	0011
1	0100
2	0101
3	0110
4	0111
5	1000
6	1001
7	1010
8	1011
9	1100

⑴　LSB（最下位ビット）の加算を行う半加算器について，表7-4の真理値表の空白を埋めよ．

表7-4

入力		出力
A	B	f
0	0	
0		
1		
1	1	

⑵　真理値表より出力fの論理式を求めよ．

⑶　⑵の論理式より論理回路を構成せよ．

⑷　⑶の論理回路をNANDゲートだけを用いて構成せよ．

第8章　情報を記憶する順序回路

コンピュータを構成する回路には，現在の入力によってのみ出力が決定される組合せ回路のほかに，現在の入力と現在までの入力系列の両方に出力が依存する順序回路がある．表現を変えれば，時間に関係しないのが組合せ回路，時間に依存するのが順序回路である．

本章では，初めに順序回路について概観する．次に，それを表現するための状態遷移表や状態遷移図について学ぶ．さらに，順序回路を構成する基本回路である各種のフリップフロップについて理解する．

☆この章で使う基礎事項☆

基礎 8-1　フリップフロップ

　フリップフロップは，公園にあるシーソーと理解すればよい．体重の異なる2人がシーソーに乗ると，体重の重い方は地面につき，軽いほうは地面からある高さで静止する．接地している側を0，地面から離れている方を1とすると，外部から力を加えない限りこの状態を保持している．すなわち，この0と1の2つの安定状態を記憶することになる．このように外部から力（トリガ）を加えない限り状態を保持するディジタル回路がフリップフロップである．

図8-1　シーソー

基礎 8-2　自動販売機

　自動販売機でたとえば140円のドリンクを買う場合，お金の投入方法はさまざまである．ある人は，100円硬貨を2枚，またある人は100円硬貨と50円硬貨を用いるだろう．別の人は，10円硬貨を14回連続して投入するかもしれない．そのほか，1000円札や500円硬貨など多くの組合せがある．ここで大事なことは，いずれの場合でも，

自動販売機は今いくらお金が入っているかを記憶していることである．自動販売機は 140 円以上が投入され，押しボタンスイッチが押されたことを感知すると，飲み物が取り出し口に落ち，必要であればおつりを出す．このように，記憶と現在の入力の両方で，出力と次の記憶状態が決定されるものを順序回路という．

8-1　順序回路とは

　順序回路は，一般に図 8-2 に示すように記憶回路と組合せ回路から構成される．たとえば，自動販売機は品物の値段と同じか，それよりも多くのお金を投入しないと品物は出てこない．すなわち，自動販売機はお金がいくら入っているかを記憶している必要がある．すでに投入された金額は内部状態として記憶されていて，その金額とこれから入れるお金との合計が品物の代金以上であれば商品が出てくる．また，必要であればおつりも出てくる．このように，回路が内部状態を持ち，出力が入力のみでなくその内部状態に依存して決定される回路を順序回路と呼ぶ．

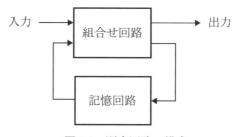

図 8-2　順序回路の構成

　順序回路では，過去の入力を記憶するための回路として 8-3 で述べるフリップフロップ（Flip-Flop）が用いられる．

8-2　状態遷移表と状態遷移図

　順序回路の動作を表現するのに，状態遷移表と状態遷移図が用いられる．

　はじめに状態遷移表について，例を挙げて説明する．

　＜例＞　100 円硬貨と 50 円硬貨を使って，200 円のドリンクと必要ならばおつりが出る自動販売機を考える．ただし，お金は同時に 2 枚

以上入れることはできないものとする．50 円硬貨を入れたか否かを入力変数 x_0 で，100 円硬貨を入れたか否かを入力変数 x_1 で表し，ドリンクを出すか否かを出力関数 y_1，おつりを出すか否かを y_0 で表す．また，自動販売機が記憶している内部状態は，0 円，50 円，100 円，150 円で，それぞれ q_0，q_1，q_2，q_3 で表す．この動作を表す状態遷移表は**表 8-1** のように書ける．

表 8-1 状態遷移表

現在の状態		次の状態 $Q_1' \, Q_0'$			出力 $y_1 \, y_0$		
Q_1	Q_0	入力 $x_1 \, x_0$			入力 $x_1 \, x_0$		
		00	01	10	00	01	10
$q_0 : 0$	0	$q_0 : 00$	$q_1 : 01$	$q_2 : 10$	00	00	00
$q_1 : 0$	1	$q_1 : 01$	$q_2 : 10$	$q_3 : 11$	00	00	00
$q_2 : 1$	0	$q_2 : 10$	$q_3 : 11$	$q_0 : 00$	00	00	10
$q_3 : 1$	1	$q_3 : 11$	$q_0 : 00$	$q_0 : 00$	00	10	11

　左側に現在の内部状態，0 円から 150 円までの 4 つの状態を書き，これらの状態を 2 進数で表現するために $Q_1 Q_0$ の 2 ビットを用いる．中央は，現在の内部状態において，入力 $x_1 x_0$ に 00，01，10 のいずれかが加えられた後の新しい内部状態を書く．右側はそれらの入力が加えられたときの出力を書く．入力はお金を入れた際に 1，そうでなければ 0 を表す．また，出力はドリンクが出たときに $y_1 = 1$，そうでないときは $y_1 = 0$ となり，おつりが出る場合には $y_0 = 1$，出ない場合は $y_0 = 0$ となる．たとえば，現在の状態が q_3（$Q_1 Q_0 = 11$ で 150 円がすでに投入されている状態）のとき 100 円を投入する（入力 $x_1 x_0 = 10$）とドリンクとおつりが出力され，状態は q_0（$Q_1' Q_0' = 00$，0 円投入の状態）に遷移することを表している．

　次に，この例題の状態遷移図を**図 8-3** に示す．

　4 つの内部状態 q_0，q_1，q_2，q_3 と 1 つの状態から他の状態へ移るの

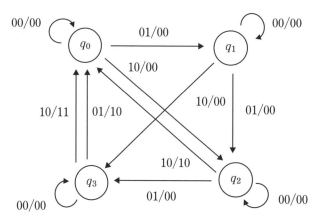

図 8-3　状態遷移図

に矢印を用いる．その矢印の横には入力／出力 (x_1x_0/y_1y_0) のラベル
が付けられる．たとえば，現在の状態が q_3（150 円がすでに投入され
ている状態）のとき，入力 $x_1x_0 = 10$（100 円硬貨を投入）が加わる
と出力 $y_1y_0 = 11$（ドリンクとおつりが出力）が出され，状態 q_0 $(Q_1'Q_0'$
$= 00$，0 円投入の状態）に遷移することを表している．

8-3　フリップフロップ

　順序回路では，過去の入力を記憶するための回路としてフリップフ
ロップ（Flip-Flop）が用いられる．フリップフロップは，出力を入
力側に戻すフィードバックを利用して 2 つの安定状態（記憶）を作り
出すように構成された回路である．この順序回路にクロックと呼ばれ
るパルス信号が加わると，この信号に同期して次の状態が記憶回路に
作り出される．一方，出力値は現在の入力信号と現在の状態により決
定される．この出力値がフィードバックにより組合せ回路の入力の一
部となっている．

(1) RS フリップフロップ

RS フリップフロップ（Reset-Set Flip-Flop）は，最も基本的なフリップフロップである．**図 8-4** に NOR ゲートを用いた構成を示す．一方の NOR ゲートの出力をもう一方の NOR ゲートの入力としている．ここで，R はリセット入力，S はセット入力である．また，Q は出力，$\overline{Q}$ は Q の反転出力を表す．この NOR ゲートを用いた RS フリップフロップは，図で示されたように，2 入力は上から R, S の順と覚えてほしい．

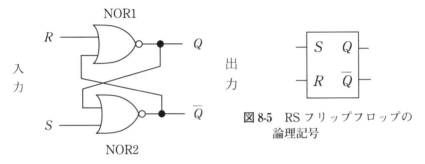

NOR1

NOR2

図 8-4 NOR ゲートを用いた
RS フリップフロップ

図 8-5 RS フリップフロップの
論理記号

図 8-4 に示した RS フリップフロップの動作について考える．はじめに，電源を入れたとき出力 Q と $\overline{Q}$ の値が決まるが，ここでは初期状態として $Q = 0$, $\overline{Q} = 1$ としておこう．もちろん，その逆でも構わない．$\overline{Q} = 1$ なので，この値が NOR1 の一方の入力値となる．したがって，NOR1 の出力は $Q = 0$ となる（NOR は OR の出力の NOT を取ったものである．OR は 1 つでも入力に 1 があると出力は 1, NOR はその否定となり，出力は 0 となる）．初期状態において，$Q = 0$ としたので出力 Q に変化は生じない．また，この Q は NOR2 の入力の一方に接続されている．したがって，出力 $\overline{Q}$ はもう一方の入

力 S の値に依存する.

入力 $(R, S) = (00)$, (01), (10), (11) の 4 つの場合について出力がどうなるか見てみよう.

①　$R = 0$, $S = 0$ の場合

初期状態が $Q = 0$, $\overline{Q} = 1$ から, Q は 0 のままである. 一方, $\overline{Q}$ は $Q = 0$ と $S = 0$ から 1 のままで初期状態を保持する.

②　$R = 0$, $S = 1$ の場合

初期状態 $Q = 0$, $\overline{Q} = 1$ と $R = 0$ から(1)と同様に $Q = 0$ となる. しかし, $S = 1$ なので $\overline{Q}$ は 1 から 0 に変化する. 一方, この $\overline{Q} = 0$ は NOR1 の一方の入力, もう一方の入力 R は 0 なので出力 Q は 1 に変化する. この変化が NOR2 の入力に伝わるが, $S = 1$ であることから $\overline{Q} = 0$ のままで安定状態となる. $Q = 1$, $\overline{Q} = 0$ となる状態をセット状態という.

③　$R = 1$, $S = 0$ の場合

初期状態で $\overline{Q} = 1$ から, この入力が加わっても Q は 0 のままである. 一方, $\overline{Q}$ も NOR2 の入力はともに 0 であるので 1 のままである. 出力は $Q = 0$, $\overline{Q} = 1$ となり, この状態をリセット状態という.

④　$R = 1$, $S = 1$ の場合

初めに NOR1 から考えることにする. 初期状態で $\overline{Q} = 1$ から, この入力が加わっても Q は 0 のままである. 一方, $S = 1$ なので $\overline{Q}$ は 1 から 0 に変化する. この値 0 が NOR1 の 1 つの入力であるが, もう一方の入力 R は 1 であるので Q は 0 のままである. したがって, Q, $\overline{Q}$ ともに 0 となる. これは, NOR2 から考えても同じ結果になる. このように, Q, $\overline{Q}$ ともに 0 となるが, 一般にこれを不定とか禁止と呼ぶ. この理由を明らかにしよう.

入力 R と S がともに 1 のとき, 出力 Q, $\overline{Q}$ がともに 0 となることはわかった. 問題なのは, 入力 R と S がともに 1 からともに 0 に変

化する場合である．この場合，2つの NOR ゲートの出力が確定する
までの時間はまったく同じではなく，次の2つの場合がある．

ⓐ NOR1 の出力が先に確定

$\overline{Q} = 0$ の状態で $R = 0$ となるので Q は1に変化する．この変化が
NOR2 の入力に加わるため，$\overline{Q}$ は0のままで変化しない．$Q = 1$, $\overline{Q}$
$= 0$ で安定する．

ⓑ NOR2 の出力が先に確定

$Q = 0$ の状態で $S = 0$ となるので，$\overline{Q}$ が1に変化する．この変化
が NOR1 の入力に加わるため，$Q = 0$ のままで変化しない．$Q = 0$,
$\overline{Q} = 1$ で安定する．

　上記のように NOR ゲートの特性の違いによって出力が異なるので，
意図した動作を行うことができない．よって，$R = 1$, $S = 1$ の場合
を不定または禁止と呼んでいる．**表 8-2** は，この動作を示す状態遷移
表である．

表 8-2　RS フリップフロップの状態遷移表
（NOR ゲートで構成）

入力		出力	
R	S	Q	$\overline{Q}$
0	0	保持	
0	1	1	0 （セット）
1	0	0	1 （リセット）
1	1	0	0 （不定）

　次に，NAND ゲートを用いた RS フリップフロップを**図 8-6** に示す．
ここで，NAND ゲートは極性を考慮した書き方にしている．入力 $\overline{S}$,
$\overline{R}$ はともに0入力でアクティブ（信号あり）となる．したがって，入
出力関係は**表 8-3** の状態遷移表で示される．

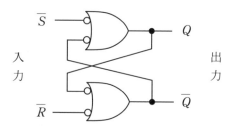

図 8-6　NAND ゲートを用いた RS フリップフロップ

表 8-3　RS フリップフロップの状態遷移表
（NAND ゲートで構成）

入力		出力	
$\overline{S}$	$\overline{R}$	Q	$\overline{Q}$
1	1	保持	
0	1	1	0 （セット）
1	0	0	1 （リセット）
0	0	1	1 （不定）

　表 8-3 の状態遷移表から，$\overline{S} = 0$ かつ $\overline{R} = 1$ のときが $Q = 1$ でセット状態，反対に $\overline{S} = 1$ かつ $\overline{R} = 0$ のときが $Q = 0$ でリセット状態である．また，$\overline{S} = 0$ かつ $\overline{R} = 0$ のときは Q，$\overline{Q}$ ともに 1 が出力されるが，その後 2 つの入力が同時に 1 になると，NOR ゲートを用いた場合と同様，出力は不定となる．

　RS フリップフロップは，同期をとるためのクロックパルスを用いず，ある動作が終了すると，その出力状態に従って回路が動作して出力が決定される非同期式フリップフロップである．

⑵　**RST フリップフロップ**

　RS フリップフロップの変形として，出力がクロックパルスに同期して変化するようにしたものが RST フリップフロップ（同期式 RS フリップフロップ）である．この T がクロックパルスを意味する．RST フリップフロップを**図 8-7** に示す．図からわかるように，RST

フリップフロップは NAND ゲートを用いた RS フリップフロップの入力側に NAND ゲートを追加した構成である．したがって，入力信号は正論理となり，$S = 1$，$R = 0$ でセット，$R = 1$，$S = 0$ でリセットをそれぞれ表す．RS フリップフロップの場合と同様に $S = 1$，$R = 1$ のときは不定，または禁止となる．

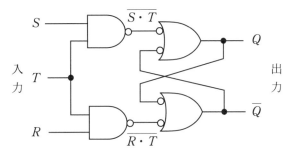

図 8-7 RST フリップフロップ

RST フリップフロップの動作を説明しよう．クロック T が 0 の場合と 1 の場合に分けて考える．

① **T = 0 の場合**

図 8-7 の $\overline{S \cdot T}$ は S の値にかかわらず 1，$\overline{R \cdot T}$ も 1 となる．これは，8-3 (1) の NAND ゲートを用いた RS フリップフロップにおいて，$\overline{S} = 1$ かつ $\overline{R} = 1$ のときに同じで前の状態が保持される．

② **T = 1 の場合**

図 8-7 の $\overline{S \cdot T}$ は $\overline{S}$，また，$\overline{R \cdot T}$ は $\overline{R}$ となる．これ以降の動作は図 8-6 の RS フリップフロップそのものである．ただし，このフリップフロップの入力は $\overline{S}$ と $\overline{R}$ ではなく，S と R である．よって，状態遷移表は**表 8-4** で表せる．ここではクロックパルスの立ち上がりで出力が得られるポジティブエッジトリガ方式を示している．

次に，RST フリップフロップに入力信号を加えた時の出力波形を示したタイムチャートの例を**図 8-8** に示す．

表 8-4　RST フリップフロップの状態遷移表

入力			出力	
S	R	T	Q	$\overline{Q}$
0	0		保持	
1	0		1	0（セット）
0	1		0	1（リセット）
1	1		1	1（不定）

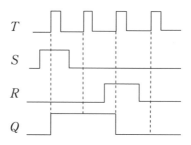

図 8-8　RST フリップフロップのタイムチャート

⑶　D フリップフロップと D ラッチ

①　D フリップフロップ

D フリップフロップの論理記号を**図 8-9** に示す．D フリップフロップは，単一データ入力とクロックパルス入力をもっている．クロックパルスの立上がり時におけるデータ入力の値を出力し，次のクロックパルスの立上がり時までその出力値を保持する．D フリップフロップの状態遷移表を**表 8-5** に示す．

図 8-9　D フリップフロップの
　　　　論理記号

表 8-5　D フリップフロップの状態遷移表

入力		出力	
D	T	Q	$\overline{Q}$
0		0	1
1		1	0

NANDゲートを用いて構成したエッジトリガ型Dフリップフロップを図8-10に示す．この回路で，クロック $T=0$ の場合，D 入力に依存することなく，Q'，$\overline{Q'}$ はともに1となる．したがって，出力 Q，$\overline{Q'}$ はその状態を保持する．次に，クロック T の入力値が0から1に変化するとき，D の値が出力に与える影響を考える．

ⓐ　$D=0$ の場合

$T=0$ で Q' と $\overline{Q'}$ はともに1となり，出力 Q，$\overline{Q}$ は状態を保持したままである．このとき，$T=1$ に立ち上がると，$D_1=1$ のため Q' $=1$，$\overline{Q'}=0$ と変化し，$Q=0$，$\overline{Q}=1$ となる．$T=1$ のとき，D が 0から1に変化する場合を考える．D が0から1に変化しても $\overline{Q'}=0$ のため D_1 は1のままであるので，結局 Q も $\overline{Q}$ も変化せずその状態を保持する．

ⓑ　$D=1$ の場合

$T=0$ のとき，$Q'=1$，$\overline{Q'}=1$ であるので $D=1$ の場合，D_1 は1から0に変化し，その結果，$D_2=1$ となる．ここで，T が0から1

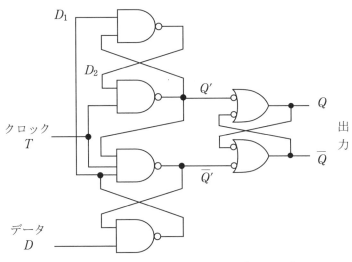

図8-10 エッジトリガ型Dフリップフロップ

に変化すると，Q' は 1 から 0 に変化する．一方，$\overline{Q'}$ は 1 のままであるから $Q = 1$, $\overline{Q} = 0$ となる．ここで，D が 1 から 0 に変化すると，D_1 は 0 から 1 に変化する．しかし，Q' が 0 のため D_2 は 1 のままで，$Q' = 0$, $\overline{Q'} = 1$ が保持され，$Q = 1$, $\overline{Q} = 0$ の状態を保持する．

　Dフリップフロップの入出力の関係を**図 8-11** のタイムチャートで示す．

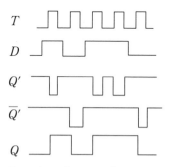

図 8-11　Dフリップフロップのタイムチャート

　Dフリップフロップは，図からわかるように出力では入力データを最大で 1 クロックパルス分遅らせることから，Delay フリップフロップとも呼ばれる．また，図 8-9 で示したDフリップフロップにプリセット入力（PR）とクリア入力（CLR）を加えて**図 8-12** の論理記号で表される場合もある．

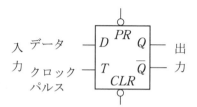

図 8-12　Dフリップフロップの
　　　　　論理記号（PR, CLR 付加）

プリセット入力，クリア入力とも丸印があることからどちらも active low，すなわち論理値 0 で活性化される．たとえば，$PR = 0$，$CLR = 1$ とすれば入力データに関係なく常に $Q = 1$，$\overline{Q} = 0$ のセット状態となる．反対に，$CLR = 0$，$PR = 1$ とすれば $Q = 0$，$\overline{Q} = 1$ のリセット状態となる．したがって，クロックパルスに同期させて入力データを出力する方法として使用する場合は，$PR = 1$，$CLR = 1$ にしておく必要がある．

② Dラッチ

図 8-13 にDラッチ（D latch）の論理記号を，表 8-6 にその状態遷移表を示す．また，図 8-14 に RST フリップフロップを用いたDラッチを示す．

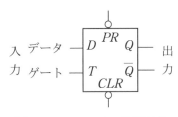

図 8-13 Dラッチの論理記号

表 8-6 Dラッチの状態遷移表

入力		出力
D	T	Q
0	1	0
1	1	1
0	0	保持
1	0	保持

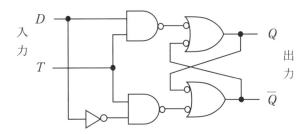

図 8-14 RST フリップフロップを用いたDラッチ

Dラッチは D フリップフロップと異なり，T が 1 の間はデータ D の値がそのまま出力される．また，T が 0 のときは，T が 1 から 0 に

変化する直前の D の値を保持して Q に出力される．図 8-15 に D ラッチの動作例を示す．

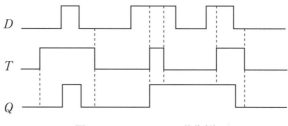

図 8-15　D ラッチの動作例

⑷　JK フリップフロップ

　フリップフロップの基本回路である RS フリップフロップは，NOR ゲートを使用した場合には入力 S と R がともに 1 となると出力 Q, $\overline{Q}$ ともに 0 となり，その後入力がともに 0 となると Q が 1 となるか 0 となるかは確定しない．これが不定（禁止）ということであった．

　JK フリップフロップは，RS フリップフロップの欠点である不定を引き起こさないように工夫されたフリップフロップである．J 入力と K 入力は，RS フリップフロップの S 入力と R 入力にそれぞれ対応する．

　図 8-16 に JK フリップフロップの論理記号，表 8-7 に状態遷移表を示す．クロックパルスが入力される端子の丸印はクロックパルスの立下りに同期して出力が確定することを表している．

　JK フリップフロップの代表的なものにマスタスレーブ形 JK フリップフロップ（master-slave JK FF）がある．図 8-17 にその基本回路を示す．図 8-17 (a) は，その原理図でマスタフリップフロップとスレーブフリップフロップを 2 段構成にしている．各フリップフロップには互いに逆相のクロックパルスを加え，位相をずらして動作させる．また，図 8-17 (b) は NAND ゲートを用いた基本回路であ

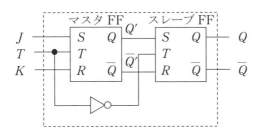

図 8-16　JK フリップフロップの論理記号

表 8-7　JK フリップフロップの状態遷移表

入力			出力	
J	K	T	Q	$\overline{Q}$
0	0		保持	
1	0		1	0（セット）
0	1		0	1（リセット）
1	1		反転（トグル）	

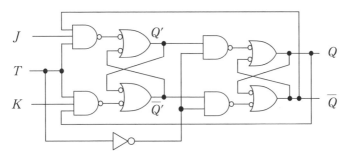

（a）原理図

（b）NAND ゲートを用いた基本回路

図 8-17　マスタスレーブ形 JK フリップフロップの基本回路

る．この図から，クロックパルス T が立上がるとマスタフリップフロップは動作するが，インバータを通して加えられたスレーブフリップフロップのクロックパルスは 0 となるため，スレーブフリップフロップの出力は変化しない．次に，クロックパルス T が立下がると，マスタフリップフロップの出力には影響を与えないが，スレーブフリップフロップから全体の出力 Q, $\overline{Q}$ が得られる．

(5)　T フリップフロップ

T フリップフロップはクロックパルス入力のみで動作するフリップフロップである．T フリップフロップは，クロックパルスの立上り（または立下り）によって出力が反転することから，トグルフリップフロップ（Toggle FF）と呼ばれる．また，クロックパルスによって回路が動作することから，引き金という意味でトリガフリップフロップ（Trigger FF）とも呼ばれる．T フリップフロップにはクロックパルスの立下りで動作するものと立上りで動作する 2 つのタイプがある．

図 8-18 に T フリップフロップの論理記号，表 8-8 に状態遷移表を示す．この図にはクロックパルスの入力端子に丸印があるので，クロックパルスの立下りで出力が反転する T フリップフロップを表している．また，図 8-19 に T フリップフロップの動作をタイムチャートで示す．

ここで，図 8-17 の JK フリップフロップを思い出してみよう．JK

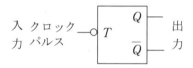

図 8-18　T フリップフロップの論理記号

表8-8　Tフリップフロップの状態遷移表

現在の状態 Q	入力 T	入力後の状態 Q'
0		1
1		0

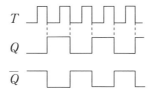

図8-19　Tフリップフロップのタイムチャート

フリップフロップの入力JとKをともに1 (High) にすると,クロックパルスの立下りのたびに反転出力が得られた.したがって,**図8-20**に示す構成にすることで,Tフリップフロップと同じ機能をもたせることができる.また,**図8-21**はDフリップフロップを用いて構成した場合である.

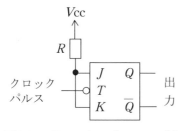

図8-20　JKフリップフロップを
用いたTフリップフロップ

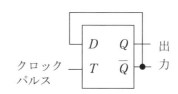

図8-21　Dフリップフロップを
用いたTフリップフロップ

　Tフリップフロップの出力はクロックパルスが入るたびに1,0を繰り返すことから1ビットのカウント動作に相当するので,カウンタの基本回路として使用される.

章末問題8

1 RST フリップフロップは入力 S, R がともに1であるときにクロック T が1になると出力は Q, $\overline{Q}$ ともに1となり，この状態を不定または禁止としている．図8-22 は RST フリップフロップを改良し，S, R ともに1であっても $Q = 1$, $\overline{Q} = 0$ となるセット優先 RST フリップフロップである．この回路の動作を説明せよ．

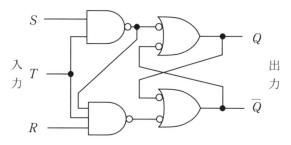

図 8-22　セット優先 RST フリップフロップ

2 図 8-23 の RST フリップフロップと AND ゲートを用いた回路の動作を説明し，以下のタイムチャートを完成させよ．ここで，クロック T のパルス幅は十分に短く，その立ち上がり時のみ RST フリップフロップの出力に影響するものと仮定する．また，初期状態として，$Q = 1$, $\overline{Q} = 0$ とする．

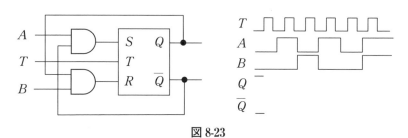

図 8-23

3 D フリップフロップと D ラッチの動作の違いを説明せよ．

4 組合せ回路と順序回路の違いを説明せよ.

5 図 8-24 の状態遷移図は，1 が続いて入力されるか，0 が続いて入力される場合のみ出力が 1 になることを示している．この状態遷移図を満足する順序回路を D フリップフロップとゲート回路を用いて設計せよ.

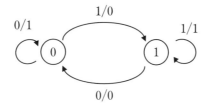

図 8-24 状態遷移図

6 100 円硬貨を使って，200 円のドリンクが出る自動販売機をJK フリップフロップとゲート回路を用いて設計せよ．ただし，100円硬貨を同時に 2 枚以上入れることはできないものとする.

7 図 8-25 の状態遷移図において，各状態 q_0, q_1, q_2, q_3 を 2 つのフリップフロップ Q_1, Q_0 によって，00, 01, 10, 11 に割当てるものとする.

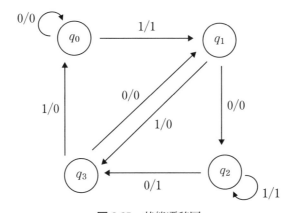

図 8-25 状態遷移図

⑴　状態遷移表を作成せよ.

⑵　状態遷移関数と出力関数を入力 x と現在の状態 Q_1, Q_0 の論理式で表せ.

⑶　D フリップフロップとゲート回路を用いて順序回路を実現せよ.

第9章　代表的な順序回路

本章では，具体的な例を通して順序回路の設計方法を理解する．代表的な順序回路として，カウンタ，レジスタを取り上げる．

☆この章で使う基礎事項☆

基礎 9-1　カウンタ

　日常生活において欠かせない時計は，数を数える機械である．また，あるイベントの入場者数を把握したい場合，電子的か手動式かは別にして，やはり数を数えるという作業を行っている．

　カウンタは，電子的に数を数えるための回路で，コンピュータでの処理においては欠かせないものである．このカウンタは，第8章で述べたフリップフロップとゲート回路で構成される．フリップフロップ1個では，0と1の2進数1桁の計数をカウントできる．1段のフリップフロップを人間の手の指1本とすると，両手の指10本で0から1023までカウントできる．

　カウンタには非同期式と同期式がある．非同期式カウンタはフリップフロップの出力が次段のフリップフロップの入力になるように構成される．一方，同期式カウンタはカウントするクロックパルスをすべてのフリップフロップのクロックに入力する方式である．

9-1　カウンタ

入力パルスの数をカウントし，記憶する回路をカウンタ（counter）という．

(1)　非同期式8進カウンタ

Tフリップフロップは，クロックパルスが1個入力されるごとに出力 Q が0と1を繰り返すので1個では2進カウンタとして動作していると考えられる．これを図9-1（a）のように3段に接続すると非同期式8進カウンタが構成され，この回路の動作は図9-1（b）のようになる．

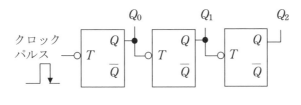

（a）回路図

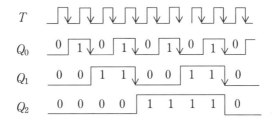

（b）タイムチャート

図 9-1　Tフリップフロップを用いた非同期式8進カウンタ

このタイムチャートにおいて，Q_2 は最上位ビット（MSB：Most Significant Bit），Q_0 は最下位ビット（LSB：Least Significant Bit）を表し，Q_2，Q_1，Q_0 はそれぞれ 2^2，2^1，2^0 の重みを持っている．

出力 Q_0 はクロックパルスの立下りによって反転する．また，2 段目のフリップフロップの入力端子 T には前段のフリップフロップの出力 Q_0 が入力される．したがって，出力 Q_1 はクロックパルスではなく Q_0 の立下りによって反転動作をする．同様に，出力 Q_2 は Q_1 の立下りによって反転する．このように前段のフリップフロップの出力が次段のフリップフロップのクロックパルスとなるカウンタを非同期式カウンタと呼ぶ．T フリップフロップを 3 段接続することによって，000 から 111（10 進数では 0 から 7）までカウントできるので非同期式 8 進カウンタを構成している．

　一般に，T フリップフロップを n 段接続すると 2^n 進カウンタを構成できる．また，非同期式で n ビットのカウンタを構成する場合，フリップフロップ 1 段の伝搬遅延時間が n 倍されることを考慮する必要がある．

⑵　同期式 8 進カウンタ

　非同期式カウンタは，すべてのフリップフロップが順番に動作するため後段に行くにしたがって伝搬遅延時間が増大する．

　一方，同期式カウンタはクロックパルスに対し，出力変化が同時になるようにすべてのフリップフロップを共通のクロックパルスで同時に制御ができるように構成したカウンタである．非同期式カウンタと比較して伝搬遅延時間は短いので高速な動作が可能であるが，回路は複雑になる．

　同期式 8 進カウンタは，非同期式の場合と同様に 3 つのフリップフロップを用いる．そのフリップフロップの出力を Q_2，Q_1，Q_0 とし，それぞれ重み 2^2，2^1，2^0 を持つとする．真理値表を**表 9-1** に示す．

　真理値表から，出力 Q_0 は 0 と 1 を繰り返していることが分かる．したがって，JK フリップフロップを用いた場合，J と K を接続して High にすれば T フリップフロップが構成でき，クロックパルス入力

ごとに反転動作をする．次に，表 9-1 の矢印で示したように，出力
Q_1 は Q_0 が 1 のとき次のクロックパルス入力で反転する．また，Q_2
は Q_0 と Q_1 が同時に 1 のとき次のクロックパルス入力で反転する．
このことから，前段のフリップフロップの出力の AND をとって次段
の JK フリップフロップの JK 端子に接続すれば，表 9-1 を満足する
結果が得られる．

図 9-2 に同期式 8 進カウンタの回路図とタイムチャートを示す．

(3) 非同期式 5 進カウンタ

前述の 8 進カウンタを含め，一般に 2^n $(n = 1,~2,~\cdots)$ 進カウン
タの構成は，フリップフロップを n 段接続するだけである．しかし，
それ以外の非同期式カウンタは何らかの方法で強制的にリセットする
必要がある．

図 9-3 (a) は非同期式 5 進カウンタの回路図である．この図で JK
フリップフロップの J と K を接続し High にした T フリップフロッ
プを表している．図 9-3 (b) は非同期式 5 進カウンタのタイムチャー
トを表している．

5 進カウンタで 0 から 4 までカウントするためには，3 個のフリッ
プフロップを必要とする．図 9-3 (b) のタイムチャートからわかる
ように，各フリップフロップの出力 Q_2, Q_1, Q_0 は 000 → 001 →
010 → 011 → 100 → 000 →… (10 進数で 0 → 1 → 2 → 3 → 4 → 0 →
…) と遷移する．

非同期式 5 進カウンタは，前述の非同期式 8 進カウンタと異なり，
$Q_2Q_1Q_0$ が 100 から 101 になった瞬間にすべてのフリップフロップを
強制的にリセットすることにより構成できる．図 9-3 (b) のタイム
チャートで「リセット」と記入してある個所では，$Q_2Q_1Q_0$ が 101 と
なるが，この信号をもとにリセット信号を作り出して各フリップフ
ロップのクリア端子 (CLR) に加えている．図 9-3 (a) で示される

表 9-1　8 進カウンタの真理値表

クロック パルス数	Q_2	Q_1	Q_0
0	0	0	0
1	0	0	1
2	0	1	0
3	0	1	1
4	1	0	0
5	1	0	1
6	1	1	0
7	1	1	1

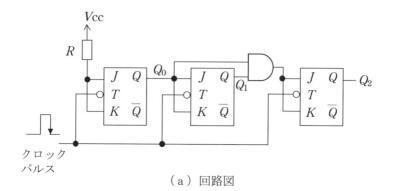

（a）回路図

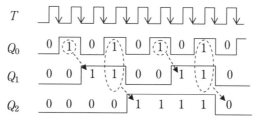

（b）タイムチャート

図 9-2　JK フリップフロップを用いた同期式 8 進カウンタ

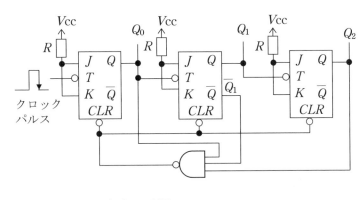

（a）回路図

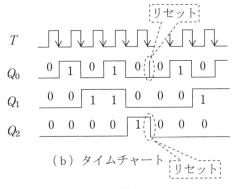

（b）タイムチャート

図 9-3 非同期式 5 進カウンタ

ように，$Q_2\overline{Q_1}Q_0 = 111$ 信号を NAND ゲートでデコードした 0 信号を各フリップフロップの CLR に加える回路構成としている．したがって，一瞬ではあるが $Q_2Q_1Q_0 = 101$ が発生する．

図 9-3（a）の回路では，各フリップフロップに伝わるリセット信号の伝搬時間に差があるとリセットされないフリップフロップが生じ，正常に動作しない場合が考えられる．たとえば，初段フリップフロップへのリセット信号が遅れた場合，$Q_2Q_1Q_0 = 001$ となり，NAND ゲートの出力は High（1）になる．この結果，Q_0 はリセットされず

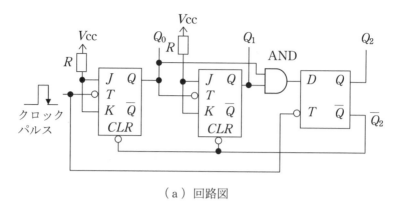

（ａ）回路図

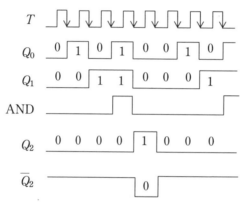

（ｂ）タイムチャート

図 9-4　改良型非同期式 5 進カウンタ

に誤動作が生ずることになる．確実な動作をさせるためには，たとえ
ば**図 9-4**（a）の回路が考えられる．この回路は，2 個の JK フリップ
フロップと 1 個の D フリップフロップで構成される．JK フリップフ
ロップの J，K 端子はどちらも High にして，T フリップフロップと
して使用する．この回路のタイムチャートを図 9-4（b）に示す．

　図 9-4（a）の回路は，2 つの JK フリップフロップを用いた非同期
式 4 進カウンタを基本構成としている．この 4 進カウンタの出力

$Q_1 Q_0$ がともに1となった時点で AND ゲートの出力は1，すなわち D フリップフロップの入力は1となる．ここで，クロックパルスが立下がると出力 Q_2 は1となる（ここでは，立下りに同期して出力が変化する D フリップフロップを使用）．反転出力 $\overline{Q_2}$ は0となり，この信号で2つの JK フリップフロップはリセットされ，$Q_1 Q_0$ はともに0となる．D フリップフロップを制御用として用いることにより，確実にリセットをかけることができる．$Q_1 Q_0$ がともに0となるため，AND ゲートの出力は0で D フリップフロップの入力も0となる．次のクロックパルスの立下りで出力 Q_2 は0，$\overline{Q_2}$ は1となる．その結果，次のクロックパルスからは2つの JK フリップフロップは通常のカウントを開始する．このようにして，動作が確実な非同期式5進カウンタを実現することができる．

(4) 同期式5進カウンタ

5進カウンタを構成するためには，JK フリップフロップは3個必要である．初段のフリップフロップの J，K 入力を J_0，K_0，2段目を J_1，K_1，3段目を J_2，K_2 とする．同期式カウンタなので，クロックパルスはすべてのフリップフロップのクロック入力となる．

表9-2 は JK フリップフロップの出力 Q が入力パルスによって変化するときの入力 J，K の値を表にしたものである．たとえば，Q が0から1に変化するのは，$J = K = 1$，または $J = 1$，$K = 0$ のときにクロックパルスが立下がった場合である．すなわち，$J = 1$ であれば

表9-2 JK フリップフロップの動作

クロックパルス	Qの変化	入力	
		J	K
	$0 \rightarrow 0$	0	*
	$0 \rightarrow 1$	1	*
	$1 \rightarrow 0$	*	1
	$1 \rightarrow 1$	*	0

K の値は 0 でも 1 でもよいことになる．この表で，＊は 0 または 1 のいずれでも同じ結果が得られることを表している．

　以上の点を考慮して，5 進カウンタの真理値表を**表 9-3** に示す．この表は，$t = n$ のとき出力が $Q_2 Q_1 Q_0$ の状態でクロックパルスが入力されたとき，$t = n + 1$ の出力 $Q_2 Q_1 Q_0$ を得るために各フリップフロップの J, K が必要とする入力条件を表したものである．たとえば，表 9-3 の 1 行目の J_2, K_2, J_1, K_1, J_0, K_0 の値 0, ＊, 0, ＊, 1, ＊は各段の出力 $Q_2 Q_1 Q_0$ が 0, 0, 0 から 0, 0, 1 に変化するために必要な J, K の値を示している．この真理値表をもとに各 J と K についてカルノー図を作成すると**図 9-5** で表される．5 進カウンタを構成するので $Q_2 Q_1 Q_0$ が 101，110，111 となることはない．この場合は，無効組合せとして扱い，カルノー図で対応するマス目は 0 でも 1 でもよく，記号 X と表す．

　図 9-5 のカルノー図を基に簡単化された論理式は次のようになる．

$$\begin{cases} J_2 = Q_1 \cdot Q_0, & K_2 = 1 \\ J_1 = Q_0, & K_1 = Q_0 \\ J_0 = \overline{Q_2}, & K_0 = 1 \end{cases}$$

この結果から，同期式 5 進カウンタの回路は**図 9-6** で表せる．

表 9-3　同期式 5 進カウンタの真理値表

カウント	$t = n$			入力条件						$t = n + 1$		
	Q_2	Q_1	Q_0	J_2	K_2	J_1	K_1	J_0	K_0	Q_2	Q_1	Q_0
0	0	0	0	0	＊	0	＊	1	＊	0	0	1
1	0	0	1	0	＊	1	＊	＊	1	0	1	0
2	0	1	0	0	＊	＊	0	1	＊	0	1	1
3	0	1	1	1	＊	＊	1	＊	1	1	0	0
4	1	0	0	＊	1	0	＊	0	＊	0	0	0
5	1	0	1									
6	1	1	0	無効組合せ								
7	1	1	1									

Q_2Q_1 \ Q_0	0	1
00		
01		1
11	X	X
10	*	X

（a）J_2 について

Q_2Q_1 \ Q_0	0	1
00	*	*
01	*	*
11	X	X
10	1	X

（b）K_2 について

Q_2Q_1 \ Q_0	0	1
00		1
01	*	*
11	X	X
10		X

（c）J_1 について

Q_2Q_1 \ Q_0	0	1
00	*	*
01		1
11	X	X
10	*	X

（d）K_1 について

Q_2Q_1 \ Q_0	0	1
00	1	*
01	1	*
11	X	X
10		X

（e）J_0 について

Q_2Q_1 \ Q_0	0	1
00	*	*
01	*	1
11	X	X
10	*	X

（f）K_0 について

図9-5　同期式5進カウンタのカルノー図

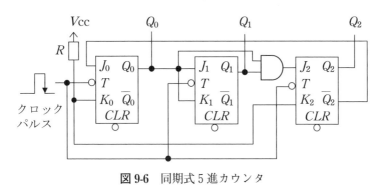

図9-6　同期式5進カウンタ

9-2	レジスタ

(1)　直列-直列変換シフトレジスタ

　レジスタ（register）は入力装置から取り込んだ数値データや演算結果などを一時的に記憶しておくための回路である．また，シフトレジスタは，記憶された2進データを右または左に桁移動（シフト）する機能を持ったレジスタで，フリップフロップを直列に接続して構成する．例として，**図 9-7**（a）にDフリップフロップを用いた4ビットシフトレジスタの回路を，図 9-7（b）にそのタイムチャートを示す．

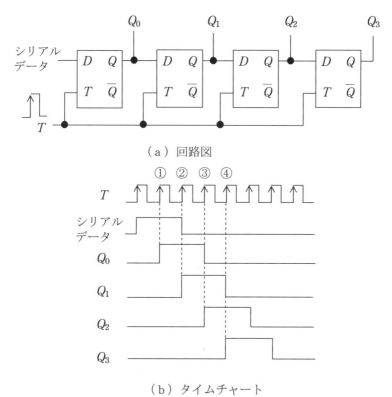

（a）回路図

（b）タイムチャート

図 9-7　4ビットシフトレジスタ

　クロックパルスが立上がるたびにシリアルデータは Q_0 から Q_3 方向にシフトされる．この様子を**図 9-8** に示す．初期状態では，フリップフロップの出力はすべて 0 とする．

	Q_0	Q_1	Q_2	Q_3
①のクロックパルス立上り後	1	0	0	0

	Q_0	Q_1	Q_2	Q_3
②のクロックパルス立上り後	1	1	0	0

	Q_0	Q_1	Q_2	Q_3
③のクロックパルス立上り後	0	1	1	0

	Q_0	Q_1	Q_2	Q_3
④のクロックパルス立上り後	0	0	1	1

図 9-8　クロックパルスと入力データの関係

　したがって，シリアルデータが出力 Q_3 まで到達する時間，すなわちデータの遅延時間はクロック周期にシフトレジスタのビット数 4 を掛けた値になる．

　一般には，クロック周期を T，シフトレジスタのビット数を n とすると，データの遅延時間 T_d は

$$T_\mathrm{d} = T \times n$$

で表せる．

　上記の例は，シフトレジスタと呼ばれるゆえんである直列入力直列出力方式を示している．

(2)　全変換シフトレジスタ

シフトレジスタの入出力方式として，以下の4通りが考えられる．

1. 直列入力—直列出力方式
2. 直列入力—並列出力方式
3. 並列入力—直列出力方式
4. 並列入力—並列出力方式

図 9-9 はこれらのすべての方式を満足する JK フリップフロップを用いた4ビットシフトレジスタの構成を示している．

　並列データ入力を行う場合，4ビットのデータはデータセットパルスによってフリップフロップに同時に取り込まれる．また，シフトレジスタとして用いる場合は，直列データ入力から4個のシフトパルスによって取り込まれ，さらに4個のシフトパルスによって記憶されているデータすべてが直列データ出力から出力される．

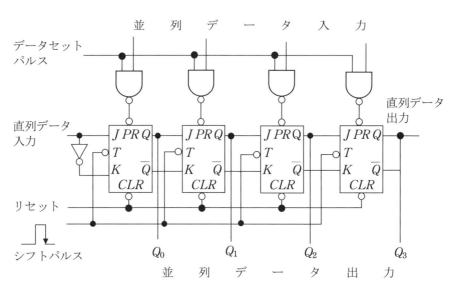

図 9-9　4つの機能を有する4ビットシフトレジスタ

　レジスタの2進数値データを右にnビットシフトすることは2^nで割ったことに相当し，一方，左にnビットシフトすることは元の値に2^nを乗じたことに相当するので，比較的簡単な除算や乗算がシフトレジスタを用いて実現できる．

章末問題9

1　非同期式カウンタと同期式カウンタの違いを述べよ．

2　JK フリップフロップを用いた非同期式10進カウンタを設計せよ．

3　JK フリップフロップを用いた同期式10進カウンタを設計せよ．

4　非同期式4進カウンタが4カウントして0になったら，LEDが点灯し，その後LEDは点灯したままカウントは継続する回路をJK フリップフロップとゲート回路を用いて設計せよ．

5　2進カウンタが $0 \rightarrow 1 \rightarrow 0$ とカウント1回で終了し，その後はカウントパルスを入力してもカウントしない回路を2個のJK フリップフロップを用いて設計せよ．

6　図9-10の順序回路の動作を説明せよ．

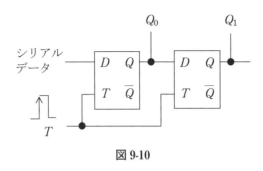

図9-10

7　T フリップフロップを用いた非同期式16進ダウンカウンタを設計し，その動作をタイムチャートで示せ．

第1章 第2章 第3章 第4章 第5章 第6章 第7章 第8章 第9章 第10章 第11章 第12章 章末問題解答

第10章　順序回路の設計

　ここでは，J, Kの入力条件からカウンタを設計する方法とフリップフロップの特性方程式からカウンタの入力状態を決める設計方法を示す.

☆この章で使う基礎事項☆

基礎 10-1　JK フリップフロップ

カウンタを設計するにあたり，以下の JK フリップフロップをよく理解することが必要である．フリップフロップの基本回路である RS フリップフロップは，NOR ゲートを使用した場合には入力 S と R がともに 1 となると出力 Q, $\overline{Q}$ ともに 0 となり，その後入力がともに 0 となると Q が 1 となるか 0 となるかは確定しない．これが不定（禁止）ということである．

JK フリップフロップは RS フリップフロップの欠点である不定を引き起こさないように工夫されたフリップフロップである．J 入力と K 入力は RS フリップフロップの S 入力と R 入力にそれぞれ対応する．

図 10-1 に JK フリップフロップの論理記号，表 10-1 に状態遷移表を示す．クロックパルスが入力される端子の丸印はクロックパルスの立下りに同期して出力が確定することを表している．

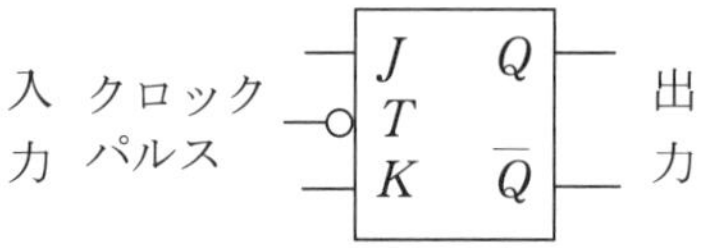

表 10-1　JK フリップフロップの状態遷移表

図 10-1　JK フリップフロップの
　　　論理記号

入力			出力	
J	K	T	Q	$\overline{Q}$
0	0		保持	
1	0	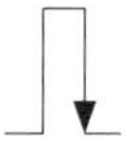	1	0（セット）
0	1		0	1（リセット）
1	1		反転（トグル）	

10-1　入力条件によるカウンタの設計

2^n（n は正の整数）以外の同期式 N 進カウンタは，2^n 進カウンタの各段のフリップフロップの入力 J, K を適切に決定することで回路を構成できる.

例として JK フリップフロップを用いた同期式 10 進カウンタを取り上げる. このカウンタを構成するにはフリップフロップは 4 個必要である. この基本構成を**図10-2**に示す. この回路の各段のフリップフロップの入力 J, K を決定すれば所望のカウンタが構成できる.

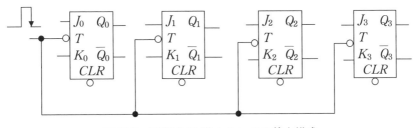

図10-2　同期式 10 進カウンタの基本構成

表10-2は入力パルスによって現在の出力 Q_n が Q_{n+1} に変化するときの入力 J と K の値を示したものである. たとえば，$t = n$ の時点で出力が Q_n のとき，次のクロック $t = n+1$ の時点で状態 Q_{n+1} に出

表10-2　出力変化と入力条件

出力変化		入力条件	
$t = n$	$t = n+1$	$t = n$	
Q_n	Q_{n+1}	J_n	K_n
0	0	0	*
0	1	1	*
1	0	*	1
1	1	*	0

＊：0 または 1 のいずれでも OK（don't care）

力が変化するために必要な J と K の条件である．たとえば，Q_n が $0 \to 1$ に変化するのは，$J_n = K_n = 1$，または $J_n = 1$，$K_n = 0$ のときに入力パルスが加わった場合である．すなわち，$J_n = 1$ であれば K_n は 1 でも 0 でもどちらでもよい．

以上のことをもとに表 10-3 に示す同期式 10 進カウンタの動作表を作成する．この表は，$t = n$ のとき，出力が Q_0，Q_1，Q_2，Q_3 の状態でクロックが入力されたとき，$t = n + 1$ の出力を得るためには，各フリップフロップの J，K がどのような入力条件でなければならないかを示したものである．

表 10-3　同期式 10 進カウンタの動作表

カウント	$t = n$				入力条件								$t = n + 1$			
	Q_3	Q_2	Q_1	Q_0	J_3	K_3	J_2	K_2	J_1	K_1	J_0	K_0	Q_3	Q_2	Q_1	Q_0
0	0	0	0	0	0	*	0	*	0	*	1	*	0	0	0	1
1	0	0	0	1	0	*	0	*	1	*	*	1	0	0	1	0
2	0	0	1	0	0	*	0	*	*	0	1	*	0	0	1	1
3	0	0	1	1	0	*	1	*	*	1	*	1	0	1	0	0
4	0	1	0	0	0	*	*	0	0	*	1	*	0	1	0	1
5	0	1	0	1	0	*	*	0	1	*	*	1	0	1	1	0
6	0	1	1	0	0	*	*	0	*	0	1	*	0	1	1	1
7	0	1	1	1	1	*	*	1	*	1	*	1	1	0	0	0
8	1	0	0	0	*	0	0	*	0	*	1	*	1	0	0	1
9	1	0	0	1	*	1	0	*	0	*	*	1	0	0	0	0

表 10-3 の 1 行目の J_3，K_3，J_2，K_2，J_1，K_1，J_0，K_0 の値 0，*，0，*，0，*，1，* は各段の出力 Q_3，Q_2，Q_1，Q_0 が 0，0，0，0 から 0，0，0，1 に変化するために必要な各 J，K の値を表している．この動作表の * は入力が 0 か 1 のいずれでもよいことを示している．

動作表の入力条件で，J，K が 1 である場合に着目して得られた入力方程式を以下に示す．

$$
\begin{cases}
J_3 = \overline{Q_3} \cdot Q_2 \cdot Q_1 \cdot Q_0 \\
K_3 = Q_3 \cdot \overline{Q_2} \cdot \overline{Q_1} \cdot Q_0 \\
J_2 = \overline{Q_3} \cdot \overline{Q_2} \cdot Q_1 \cdot Q_0 \\
K_2 = \overline{Q_3} \cdot Q_2 \cdot Q_1 \cdot Q_0 \\
J_1 = \overline{Q_3} \cdot \overline{Q_2} \cdot \overline{Q_1} \cdot Q_0 + \overline{Q_3} \cdot Q_2 \cdot \overline{Q_1} \cdot Q_0 \\
K_1 = \overline{Q_3} \cdot \overline{Q_2} \cdot Q_1 \cdot Q_0 + \overline{Q_3} \cdot Q_2 \cdot Q_1 \cdot Q_0 \\
J_0 = \overline{Q_3} \cdot \overline{Q_2} \cdot \overline{Q_1} \cdot \overline{Q_0} + \overline{Q_3} \cdot \overline{Q_2} \cdot Q_1 \cdot \overline{Q_0} + \overline{Q_3} \cdot Q_2 \cdot \overline{Q_1} \cdot \overline{Q_0} + \\
\qquad \overline{Q_3} \cdot Q_2 \cdot Q_1 \cdot \overline{Q_0} + Q_3 \cdot \overline{Q_2} \cdot \overline{Q_1} \cdot \overline{Q_0} \\
K_0 = \overline{Q_3} \cdot \overline{Q_2} \cdot \overline{Q_1} \cdot Q_0 + \overline{Q_3} \cdot \overline{Q_2} \cdot Q_1 \cdot Q_0 + \overline{Q_3} \cdot Q_2 \cdot \overline{Q_1} \cdot Q_0 + \\
\qquad \overline{Q_3} \cdot Q_2 \cdot Q_1 \cdot Q_0 + Q_3 \cdot \overline{Q_2} \cdot \overline{Q_1} \cdot Q_0
\end{cases}
$$

この論理式からカルノー図を用いて簡単化した入力方程式を求める.

以下のカルノー図において，$Q_3 Q_2 Q_1 Q_0 = 1010$ から 1111 までは 10 進カウンタでは起こり得ないので，無効組合せとして扱い，対応するマス目に X と記入し簡単化に利用する.

① J_3 のカルノー図

$Q_3 Q_2$ ╲ $Q_1 Q_0$	00	01	11	10
00				
01			1	
11	X	X	X	X
10	*	*	X	X

よって，$J_3 = Q_2 \cdot Q_1 \cdot Q_0$ となる.

② K_3 のカルノー図

Q_3Q_2 \ Q_1Q_0	00	01	11	10
00	*	*	*	*
01	*	*	*	*
11	X	X	X	X
10		1	X	X

よって，$K_3 = Q_0$ となる．

③ J_2 のカルノー図

Q_3Q_2 \ Q_1Q_0	00	01	11	10
00			1	
01	*	*	*	*
11	X	X	X	X
10			X	X

よって，$J_2 = Q_1 \cdot Q_0$ となる．

④ K_2 のカルノー図

Q_3Q_2 \ Q_1Q_0	00	01	11	10
00	*	*	*	*
01			1	
11	X	X	X	X
10	*	*	X	X

よって，$K_2 = Q_1 \cdot Q_0$ となる．

⑤　J_1 のカルノー図

Q_3Q_2＼Q_1Q_0	00	01	11	10
00		1	＊	＊
01		1	＊	＊
11	X	X	X	X
10			X	X

よって，$J_1 = \overline{Q_3} \cdot Q_0$ となる.

⑥　K_1 のカルノー図

Q_3Q_2＼Q_1Q_0	00	01	11	10
00	＊	＊	1	
01	＊	＊	1	
11	X	X	X	X
10	＊	＊	X	X

よって，$K_1 = Q_0$ となる.

⑦　J_0 のカルノー図

Q_3Q_2＼Q_1Q_0	00	01	11	10
00	1	＊	＊	1
01	1	＊	＊	1
11	X	X	X	X
10	1	＊	X	X

よって，$J_0 = 1$ となる.

●157●

⑧　K_0 のカルノー図

Q_3Q_2 \ Q_1Q_0	00	01	11	10
00	*	1	1	*
01	*	1	1	*
11	X	X	X	X
10	*	1	X	X

よって，$K_0 = 1$ となる．以上の結果に基づいて設計された同期式 10 進カウンタを**図 10-3** に示す．

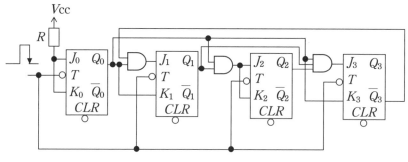

図 10-3　同期式 10 進カウンタ

10-2　特性方程式によるカウンタの設計

　ここではフリップフロップの特性方程式からカウンタの入力状態を決定する方法を示す．フリップフロップの特性方程式とは，出力 Q_n が次のクロック $t = n + 1$ によって Q_{n+1} に変化する状態を表現する式のことをいう．また，設計するカウンタの各フリップフロップの状態を表現する式を応用方程式という．

　まず，JK フリップフロップの状態遷移表を**表 10-4** に示す．

　表 10-4 をもとにカルノー図を作成したものが**図 10-4** である．よって

表 10-4　JK フリップフロップの状態遷移表

$t = n$			$t = n + 1$
J	K	Q_n	Q_{n+1}
0	0	0	0
0	0	1	1
0	1	0	0
0	1	1	0
1	0	0	1
1	0	1	1
1	1	0	1
1	1	1	0

JK ＼ Q_n	0	1
00		1
01		
11	1	
10	1	1

図 10-4　Q_{n+1} のカルノー図

JK フリップフロップの特性方程式は式（10-1）となる.

$$Q_{n+1} = J \cdot \overline{Q}_n + \overline{K} \cdot Q_n \tag{10-1}$$

　例として，JK フリップフロップを用いた同期式 10 進カウンタを設計する. 同期式 10 進カウンタの動作表を**表 10-5** に示す.

表10-5　10進カウンタの動作表

カウント	$t = n$				$t = n + 1$			
	Q_3	Q_2	Q_1	Q_0	Q_3	Q_2	Q_1	Q_0
0	0	0	0	0	0	0	0	1
1	0	0	0	1	0	0	1	0
2	0	0	1	0	0	0	1	1
3	0	0	1	1	0	1	0	0
4	0	1	0	0	0	1	0	1
5	0	1	0	1	0	1	1	0
6	0	1	1	0	0	1	1	1
7	0	1	1	1	1	0	0	0
8	1	0	0	0	1	0	0	1
9	1	0	0	1	0	0	0	0

　この動作表の $t = n + 1$ の時点で出力が1になる場合を調べ，各フリップフロップの特性を表す応用方程式を以下に示すようにカルノー図を用いて求める．

　このカルノー図において，マス目の X は10-1入力条件によるカウンタの設計でも用いた無効組合せを表している．

① $Q_{0(n + 1)}$

Q_3Q_2 ＼ Q_1Q_0	00	01	11	10
00	1			1
01	1			1
11	X	X	X	X
10	1			X

$$Q_{0(n + 1)} = \overline{Q_0} = 1 \cdot \overline{Q_0} + 0 \cdot Q_0$$

よって，$J_0 = 1$, $K_0 = 1$

② $Q_{1(n+1)}$

Q_3Q_2 ＼ Q_1Q_0	00	01	11	10
00		1		1
01		1		1
11	X	X	X	X
10			X	X

$Q_{1(n+1)} = Q_1 \cdot \overline{Q_0} + \overline{Q_3} \cdot \overline{Q_1} \cdot Q_0 = \overline{Q_3} \cdot Q_0 \cdot \overline{Q_1} + \overline{Q_0} \cdot Q_1$

よって，$J_1 = \overline{Q_3} \cdot Q_0,\ K_1 = Q_0$

③ $Q_{2(n+1)}$

Q_3Q_2 ＼ Q_1Q_0	00	01	11	10
00			1	
01	1	1		1
11	X	X	X	X
10			X	X

$Q_{2(n+1)} = Q_2 \cdot \overline{Q_1} + Q_2 \cdot \overline{Q_0} + \overline{Q_2} \cdot Q_1 \cdot Q_0 = Q_1 \cdot Q_0 \cdot \overline{Q_2} + (\overline{Q_1} + \overline{Q_0})\ Q_2$

よって，$J_2 = Q_1 \cdot Q_0,\ K_2 = \overline{\overline{Q_1} + \overline{Q_0}} = \overline{\overline{Q_1 \cdot Q_0}} = Q_1 \cdot Q_0$

④　$Q_{3(n+1)}$

Q_3Q_2 \ Q_1Q_0	00	01	11	10
00				
01			①	
11	X	X	X	X
10	1		X	X

$$Q_{3(n+1)} = Q_3 \cdot \overline{Q_0} + \overline{Q_3} \cdot Q_2 \cdot Q_1 \cdot Q_0 = Q_2 \cdot Q_1 \cdot Q_0 \cdot \overline{Q_3} + \overline{Q_0} \cdot Q_3$$

よって，$J_3 = Q_2 \cdot Q_1 \cdot Q_0$，$K_3 = Q_0$

　上記のカルノー図で，$Q_3Q_2Q_1Q_0 = 0111$ のときのマス目の値 1 は Q_3 を残すために単独で囲む．もし，無効組合せの $Q_3Q_2Q_1Q_0 = 1111$ と一緒に囲んでしまうと Q_3 自身が失われてしまい，特性方程式が得られなくなる．

　以上の結果，特性方程式を用いた同期式 10 進カウンタは，入力条件によるカウンタの設計と同様，図 10-3 で表される．

章末問題 10

1　図 10-5 に示すような 3 個のうち 1 個だけを 1 の状態にして，クロックパルスが入力されるごとに 1 が循環する 3 ビットリングカウンタを JK フリップフロップを用いて設計せよ．

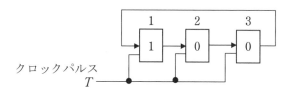

図 10-5　3 ビットリングカウンタの動作

2　J, K の入力条件から JK フリップフロップを用いた同期式 6 進カウンタを設計せよ．

3　特性方程式による JK フリップフロップを用いた同期式 6 進カウンタを設計せよ．

第11章 アナログとディジタルの相互変換

　われわれの周りには，さまざまな情報が存在する．たとえば，映像信号や音声信号は時間とともに変化する連続量，すなわちアナログ信号である．このため，これらの信号をコンピュータで処理するためには，アナログ信号からディジタル信号への変換が必要となる．

　一方，コンピュータを用いてディジタル処理された信号を，たとえば音や映像としてわれわれが見聞きするためにはディジタルからアナログへの変換が必要となる．

　この章ではアナログ信号をディジタル信号に変換するアナログ／ディジタル変換（A/D 変換）とディジタル信号をアナログ信号に変換するディジタル／アナログ変換（D/A 変換）について，基本的な考え方とそれを実現する基本回路について記述している．

　図 11-1 は自動車の追突防止機能の一例である．カメラや超音波センサから得られたアナログ情報を A/D 変換してコンピュータで処理し，その結果を D/A 変換してアクチュエータ（モータ）に伝えることで減速または加速を行う．

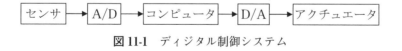

図 11-1　ディジタル制御システム

☆この章で使う基礎事項☆

基礎 11-1　センサ

- 光センサ……光などの電磁的エネルギーを検知するセンサ．フォトインタラプタと呼ばれるものは，発光部と受光部をペアにして用い，何らかの物体が光をさえぎるのを受光部で検出することによって，物体の有無や位置を判定するセンサである．
- 超音波センサ……超音波を発射し，その反射波との時間差を検出することによって対象物との距離が測定できる．
- 磁気センサ……磁界の大きさに応じて出力電圧が変化する仕組みを利用する．ホール素子は，電流の流れているものに対して電流に垂直に磁界を加えると，その両方と直交する方向に起電力が現れるホール効果を利用した素子である．

基礎 11-2　アクチュエータ

コンピュータの出力信号を用いて機械を制御するには，力やトルクなどが必要である．この物理的運動に変換する機械・電気回路を構成する機械要素がアクチュエータ（actuator）である．代表的なアクチュエータには，ロボットなどで広く用いられているステッピングモータや直流サーボモータ，電気回路を切断するための電磁リレーがある．

基礎 11-3　プライオリティエンコーダ

キーボードで数字を入力する際，2 つ以上のキーを同時に押すと誤って入力される．このような場合，常に 1 つの数字しか変換しない方法が考えられる．たとえば，誤って 4 と 5 を同時に押した場合には，常に大きい数字を優先して認めるとすることができる．また，その逆

もあり得る．このように，1つの入力だけを2進数に変換するエンコーダをプライオリティエンコーダ（priority encoder）と呼んでいる．

基礎 11-4　分解能

たとえば，0～2 Vのアナログ入力電圧を4ビットのディジタル出力に変換する A/D コンバータを考える．4ビットでは，$2^4 = 16$ 通り表すことができるので，アナログ入力電圧は，この16レベルのいずれか1つに変換される．すなわち，1つのディジタルレベルに対して $\frac{2}{16} = 0.125$ V が最小の幅であり，これより小さい電圧を判別することはできない．この判別できる最小電圧を分解能（resolution）と呼んでいる．

11-1	演算増幅器

アナログ／ディジタル変換やディジタル／アナログ変換を実現する場合，演算増幅器（operational amplifier）を用いることが多い．演算増幅器はオペアンプとも呼ばれ，一般に**図 11-2**の図記号が用いられる．－と記された反転入力端子と，＋と記された非反転入力端子の2つの電圧入力端子と，1つの電圧出力端子を有する．反転入力端子は，入力信号と出力信号の極性が反対，一方，非反転入力端子は，入力信号と出力信号の極性が同じことを意味する．一般に，回路図では

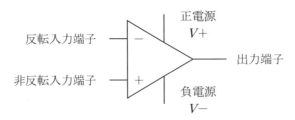

図 11-2　演算増幅器

写真 11-1　2 回路入汎用オペアンプ LM358N
（National Semiconductor Corporation）

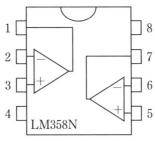

1：出力1　　　　8：＋電源
2：反転入力1　　7：出力2
3：非反転入力1　6：反転入力2
4：GND　　　　5：非反転入力2

図 11-3　ピン配置図（LM358N）

電源端子は省略される.

　理想的な演算増幅器は，増幅度が無限大，入力インピーダンスが無限大，そして，出力インピーダンスはゼロとみなすことができる.

(1)　反転増幅器

　反転増幅器は図 11-4 に示すように，反転入力端子に抵抗 R_i を接続して入力電圧を加え，非反転入力端子は接地する. 出力端子からは，フィードバック抵抗 R_f によって反転入力端子に負帰還をかける. R_i を流れる電流 I_i は，演算増幅器の入力インピーダンスが非常に大きいため，演算増幅器に流れず，すべてフィードバック抵抗 R_f を流れる.

　よって

$$I_i = I_f \tag{11-1}$$

となる. したがって,

$$I_i = \frac{V_i - V_n}{R_i} = \frac{V_n - V_o}{R_f} \tag{11-2}$$

が成り立つ.

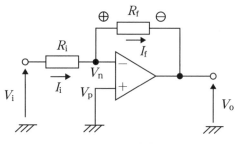

図 11-4　反転増幅器

　演算増幅器の増幅度が無限大で出力が有限値であることから，－端子と＋端子は同電位でかつ無限小と考えられる．この状態をバーチャルショートと呼んでいる．また，V_p は接地されているので V_n も見かけ上接地されていて，これを仮想接地（バーチャルグランド）という．電流 I_i はすべて抵抗 R_f を流れるので，R_f の両端には図示したような極性の電圧が生じる．その結果，式（11-4）で示すように，出力波形は入力波形を反転した波形となるので，この回路は反転増幅器と呼ばれる．

　出力電圧 V_o は

$$V_o = - I_i R_f \tag{11-3}$$

となる．式（11-1），（11-2），（11-3）より入力電圧と出力電圧の関係は

$$V_o = - \frac{R_f}{R_i} V_i \tag{11-4}$$

となり，増幅度は抵抗 R_f と R_i の比で決まる．R_f と R_i は，通常数十 [kΩ] から数百 [kΩ] が用いられる．

⑵　**非反転増幅器**

　非反転増幅器は**図 11-5** に示すように，＋の非反転入力端子に入力電圧を加えて増幅作用を行う．－の反転入力端子は，抵抗 R_i を接続

して接地する．また，出力からのフィードバック抵抗R_fは，反転入力端子に接続し，負帰還をかけている．

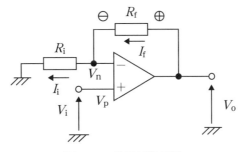

図11-5　非反転増幅器

　演算増幅器の入力インピーダンスは非常に大きいため，R_fを流れる電流はすべてR_iを流れる．すなわち，

$$I_i = I_f \tag{11-5}$$

が成り立つ．したがって，演算増幅器のマイナス側の入力における電圧V_nはV_oをR_fとR_iで分圧されて式（11-6）のように表される．

$$V_n = \frac{R_i}{R_i + R_f} V_o \tag{11-6}$$

V_nとV_iは演算増幅器の2つの入力端子間はバーチャルショートゆえに等しく，$V_n = V_i$となる．したがって，

$$V_i = \frac{R_i}{R_i + R_f} V_o \tag{11-7}$$

となる．よって出力V_oは，

$$V_o = \left(\frac{R_i + R_f}{R_i}\right) V_i = \left(1 + \frac{R_f}{R_i}\right) V_i \tag{11-8}$$

となり，入力電圧と出力電圧は同相となる．また，電圧増幅度V_o/V_iは$\dfrac{R_i + R_f}{R_i} = 1 + \dfrac{R_f}{R_i}$となる．

⑶　**積分回路**

　積分回路は**図 11-6** に示すように，反転増幅器のフィードバック抵抗をコンデンサで置き換えた構成となっている．

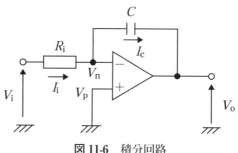

図 11-6　積分回路

　演算増幅器の 2 つの入力端子間はバーチャルショートと考えられるので，V_n の電圧は 0 V となる．このことから，電流 I_i は

$$I_i = \frac{V_i}{R_i} \tag{11-9}$$

となる．また，この電流はすべてコンデンサ C を流れるので，出力電圧 V_o は

$$V_o = -\frac{1}{C}\int I_i \mathrm{dt} = -\frac{1}{CR_i}\int V_i \mathrm{dt} \tag{11-10}$$

となり，入力電圧の時間積分に比例した出力が得られる．この線形特性がアナログ／ディジタル変換に用いられる．ただし，入力と出力で位相は 180° 異なる．

⑷　**コンパレータ（比較回路）**

　コンパレータは 2 つの入力電圧の大きさを比較し，その比較結果に応じて出力値が変化する回路である．**図 11-7** に演算増幅器に直接 V_-，V_+ を入力したコンパレータを示す．

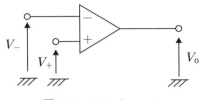

図 11-7 コンパレータ

　演算増幅器は増幅度が極めて大きいので，コンパレータでは V_- が V_+ より少しでも低いと出力は最大値を，また V_- が V_+ より少しでも高いと最小値に変化する．この様子を**図 11-8** に示す．このように，入力電圧の違いにより $+V_{sat}$（正の最大電圧），$-V_{sat}$（負の最大電圧）の一定の出力電圧が得られる回路特性がアナログ／ディジタル変換に用いられる．一般に，$+V_{sat}$ と $-V_{sat}$ は，それぞれオペアンプの正電源 V_+ と負電源 V_- の範囲内の近い値である．

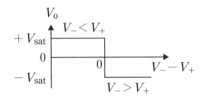

図 11-8 コンパレータの入出力波形

⑸　ボルテージフォロワ

　ボルテージフォロワは**図 11-9** に示すように，図 11-5 の非反転増幅器の R_i を無限大に，R_f をゼロにしたものである．つまり，V_n 端子と演算増幅器の出力端子を直接接続したものである．よって出力電圧 V_o は

$$V_o = V_i \tag{11-11}$$

となり，増幅度は 1 となる．

　ボルテージフォロワの入力インピーダンスは演算増幅器の入力イン

ピーダンスに等しいので，非常に高い値になる．一方，ボルテージフォロワの出力インピーダンスは演算増幅器の出力インピーダンスそのものなので，通常，数十［Ω］程度である．

　回路間にボルテージフォロワを入れると，前段からは少ない電流で済み，出力インピーダンスが小さいため大きな電流がとれる特長がある．たとえば，出力インピーダンスの高いセンサにこのボルテージフォロワを接続すると，センサからの出力電圧を変化させることなく，かつ低い出力インピーダンスをもつセンサとして利用することができる．

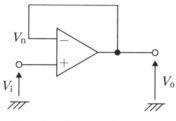

図 11-9　ボルテージフォロワ

11-2　アナログ／ディジタルコンバータ

　アナログ／ディジタルコンバータ（A/D converter）は，アナログ信号をディジタル信号に変換する回路である．アナログ信号は，時間に対して振幅が連続的に変化する信号（電圧，電流など）である．A/D変換は，**図 11-10** に示す順序で行われる．

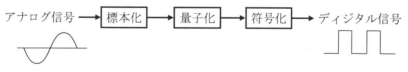

図 11-10　A/D 変換

写真 11-2 12 ビット 4 チャンネル A/D コンバータ
MCP3204-B（Microchip Technology Inc.）

(1) アナログからディジタルへの変換の仕組み

① 標本化

連続的なアナログ信号から一定の間隔で離散的な系列の信号値を取り出すことを，標本化（サンプリング）という．あるアナログ信号をサンプリングする場合，元の信号に含まれる周波数成分をすべて正確にサンプリングするためには，元の周波数の 2 倍以上のサンプリング周波数が必要となる．これを標本化定理と呼んでいる．音声信号の場合，サンプリング周波数が高いほど高い音声の記録が可能で，サンプリング周波数の $\frac{1}{2}$ にあたる周波数成分までなら元のアナログ信号に復元することができる．

② 量子化

標本化によって時間は離散化することができたが，振幅も離散化する必要がある．A/D 変換の際に，振幅をあらかじめ与えられた数の段階で近似することを量子化という．この数値が大きいほど元の信号により近いデータが得られる．たとえば，8 ビットで量子化する場合

第1章 第2章 第3章 第4章 第5章 第6章 第7章 第8章 第9章 第10章 第11章 第12章 章末問題解答

は，元のアナログ信号を 0〜255 の 256 段階の数値で表現できる．さらに，16 ビットでは 0〜65535 の 65536 段階の数値表現となり，8 ビットの場合と比較して元の信号をより忠実に表現できる．ちなみに，音楽用 CD の信号は 16 ビットで量子化されている．

③　符号化

標本化と量子化によって一定間隔で整数に丸められたデータを 2 進数で表現したものが符号化である．簡単のため 4 ビットを例にとると，＋7 は 0111，－7 は 1001（2 の補数）で表される．

⑵　逐次比較形 A/D コンバータ

図 11-11 に示す逐次比較形 A/D コンバータは，アナログ入力の電圧を D/A コンバータの出力と一致するように逐次比較しながら，ディジタル出力を決める方式である．図の逐次比較レジスタはあらかじめリセットされる．まず，逐次比較レジスタの最上位ビット（MSB）を 1 にセットし，この D/A コンバータの出力とアナログ入力の電圧をコンパレータで比較する．D/A コンバータの出力の方が小さいか等しければそのまま，大きければ 0 にする．次に，最上位から 2 番目のビットを同様に比較して 1 または 0 をセットし，これを最下位ビットまで繰り返すと，n ビットの場合 n 回の操作でアナログ入力信号と等しいか，それを超えない最も近いディジタル値が得られ，出力レジスタに格納される．

この方式では，変換精度は D/A コンバータの精度に大きく依存する．たとえば，16 ビットと 8 ビットを比較すると，前者では分解能が大幅に向上するが，変換速度は 2 倍かかる．また，クロックは，変換タイミングを決めるために必要である．

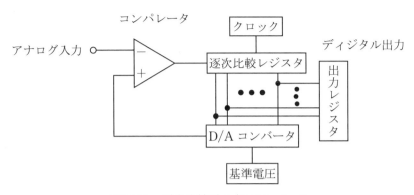

図 11-11 逐次比較形 A/D コンバータ

次に，逐次比較レジスタが4ビットの逐次比較形 A/D コンバータを**図 11-12**に示す．この例では，基準電圧を 16 V，アナログ入力電圧を 12.6 V とする．また，逐次比較レジスタの出力端子 Q_3, Q_2, Q_1, Q_0 は，2進数の重み 8，4，2，1 をそれぞれ持っている．

アナログ入力に $V_i = 12.6$ V が入力されると，以下の手順で処理が行われる．

① 逐次比較レジスタの Q_3 から信号 1 を，Q_2, Q_1, Q_0 からはすべて 0 を出力する．

② D/A コンバータは，入力信号 $(Q_3, Q_2, Q_1, Q_0) = (1, 0, 0, 0)$ に対応するアナログ電圧 $V_A = 8$ V をコンパレータに出力する．

③ コンパレータは，V_i と V_A を比較して $V_i \geq V_A$ のとき $Q_3 = 1$ を，$V_i < V_A$ のとき $Q_3 = 0$ と出力する．この例では，$V_i > V_A$ なので $Q_3 = 1$ を 2 進数データとして出力する．

④ 逐次比較レジスタの Q_2 から信号 1 を出力する．$Q_3 = 1$ はすでに決定されている．

⑤ D/A コンバータは，入力信号 $(Q_3, Q_2, Q_1, Q_0) = (1, 1, 0, 0)$ に対応するアナログ電圧 $V_A = 12$ V をコンパレータに出力する．

⑥ コンパレータは，$V_i = 12.6$ V と V_A を比較し，$V_i > V_A$ なの

で $Q_2 = 1$ を 2 進数データとして出力する.

⑦　逐次比較レジスタの Q_1 から信号 1 を出力する. $Q_3 = 1$, Q_2 $= 1$ はすでに決定されている.

⑧　D/A コンバータは, 入力信号 $(Q_3, Q_2, Q_1, Q_0) = (1, 1, 1, 0)$ に対応するアナログ電圧 $V_A = 14\,\text{V}$ をコンパレータに出力する.

⑨　コンパレータは, $V_i = 12.6\,\text{V}$ と V_A を比較し, $V_i < V_A$ なので $Q_1 = 0$ を 2 進数データとして出力する.

⑩　逐次比較レジスタの Q_0 から信号 1 を出力する. $Q_3 = 1$, Q_2 $= 1$, $Q_1 = 0$ はすでに決定されている.

⑪　D/A コンバータは, 入力信号 $(Q_3, Q_2, Q_1, Q_0) = (1, 1, 0, 1)$ に対応するアナログ電圧 $V_A = 13\,\text{V}$ をコンパレータに出力する.

⑫　コンパレータは, $V_i = 12.6\,\text{V}$ と V_A を比較し, $V_i < V_A$ なので $Q_0 = 0$ を 2 進数データとして出力する.

以上で, 変換サイクルは終了する. ディジタル出力は, $(Q_3, Q_2, Q_1, Q_0) = (1, 1, 0, 0)$ となり, アナログ入力電圧が近似的にディジタル値に変換される.

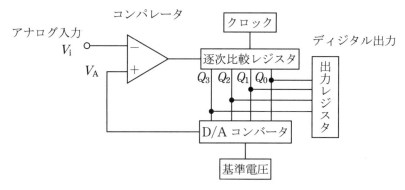

図 11-12　逐次比較形 A/D コンバータ（4 ビット）

⑶　並列比較形 A/D コンバータ

　前述した逐次比較形 A/D コンバータは，MSB から順に 1 ビット
ずつ比較し，各ビットを決定していくため，ビット数に比例して変換
時間が長くなる．この変換時間を改善するために多数のコンパレータ
を並列に並べ，アナログ信号入力電圧と基準電圧を一度に比較してア
ナログ信号をディジタル信号に変換する並列比較形 A/D コンバータ
がある．一般に，分解能が n ビットの場合，**図 11-13** に示すように，
2^n 個の抵抗と $2^n - 1$ 個のコンパレータで構成される．たとえば，8
ビットの A/D 変換をする場合，あらかじめ 256 個の抵抗と 255 個の
コンパレータを準備し，基準電圧を 256 個の抵抗で分圧する．それら

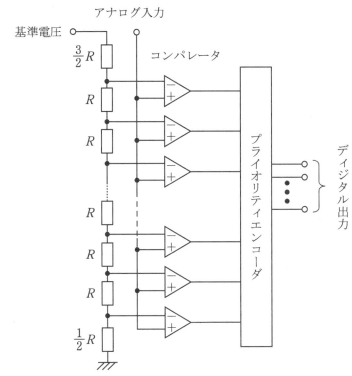

図 11-13　並列比較形 A/D コンバータ

は個別のコンパレータで一度に比較され，その比較結果はエンコーダを通してディジタル出力される．

　並列比較形 A/D コンバータの変換時間は，コンパレータの処理時間とエンコーダの処理時間の和となるため変換速度は高速であるが，回路規模と消費電力は大きくなる．

　図 11-14 に 3 ビットの A/D 変換例を示す．3 ビットのコンバータには $2^3 = 8$ 個の抵抗と $(2^3 - 1) = 7$ 個のコンパレータがある．基準電圧を 8 V に設定すると，8 個の抵抗で分圧された接地側からの比較

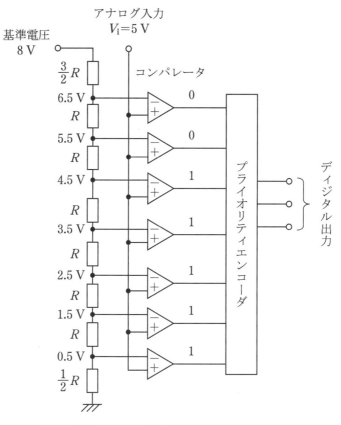

図 11-14　並列比較形 A/D コンバータ（3 ビット）

用基準電圧は，図に示したように 0.5, 1.5, 2.5, 3.5, 4.5, 5.5, 6.5 V となる．この時点で，アナログ入力電圧 $V_i = 5$ V が A/D コンバータに入力されると，V_i は各コンパレータに加わり，各比較用基準電圧と比較される．ここで，入力電圧が比較用基準電圧よりも高いか等しければコンパレータの出力は 1 となる．また，入力電圧が比較用基準電圧よりも低ければコンパレータの出力は 0 となる．この例では図示の通り，コンパレータの出力は，0011111 となる．この符号は連続する 1 のうち最も左端の 1（コンパレータの出力が 1 で最も高い電圧），すなわち右から 5 番目の 1 を 10 進数の 5 と判断するが，2 進数の 101 をディジタル出力とするためには，プライオリティエンコーダを用いる必要がある．

(4)　二重積分形 A/D コンバータ

二重積分形 A/D コンバータは，演算増幅器とコンデンサで構成された積分回路に，入力信号に比例した電荷を一定時間蓄え，その放電時間をカウンタによりカウントすることで A/D 変換を行う．このコンバータの基本構成を**図 11-15** に示す．

はじめに，積分回路のコンデンサの電荷は，あらかじめゼロにしておく．スイッチをアナログ信号入力側に倒し，入力電圧 V_i で積分を開始すると制御回路が動作して，カウンタがクロックパルスをカウントする．このとき，積分回路の出力 V_0 は，**図 11-16** に示すように，アナログ入力電圧 V_i に比例した傾きで低下する．アナログ入力電圧を積分している時間は，あらかじめ設定しておく．ここでは，カウンタを用いてクロックパルスをカウントし，その時間（パルス数）を N_1 としている．次に，スイッチをアナログ信号入力と逆極性の基準電圧側に倒して，積分回路に基準電圧 $-V_{ref}$ で与えられる負の電圧を加える．その結果，積分回路の出力 V_0 は基準電圧 $-V_{ref}$ に依存し，一定の傾きでゼロに近づく．基準電圧 $-V_{ref}$ を加えてから出力電圧

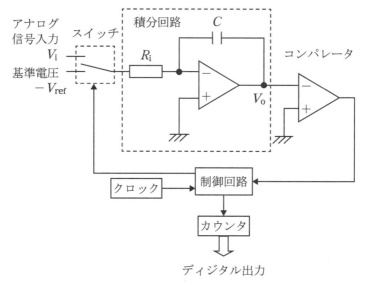

図 11-15　二重積分形 A/D コンバータ

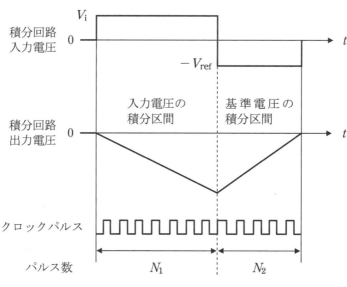

図 11-16　二重積分形 A/D コンバータの動作波形

がゼロになるまでの時間（パルス数 N_2）は，アナログ入力電圧 V_i に比例することを考慮すると式（11-12）が成り立つ．

$$N_2 = \frac{V_i}{V_{\text{ref}}} N_1 \qquad (11\text{-}12)$$

式（11-12）より，パルス数 N_2 はアナログ入力電圧 V_i をディジタル変換したものである．

このコンバータは 2 通りの変換を行うので，二重積分形 A/D コンバータと呼ばれる．変換に要する時間は入力電圧に依存するが，R や C などの回路定数に依存しないので，高精度なコンバータとして用いられる．

11-3　ディジタル／アナログコンバータ

ディジタル／アナログコンバータ（D/A converter）は，2 進数のディジタル信号をアナログ信号に変換する回路である．ディジタル／

写真 11-3　12 ビット 2 チャンネル D/A コンバータ
MCP4922-E/P（Microchip Technology Inc.）

アナログ変換の精度はディジタルのビット数で決まる．たとえば，3ビット表現で，最大電圧を 5 V とすると，$2^3 = 8$ 等分した任意の電圧を取り出すことができ，最小電圧は 0.625 V となる．また，8ビット表現では，最小電圧は $\dfrac{5}{2^8} = \dfrac{5}{256} = 0.0195$ V となり，3ビットの場合と比較してより精度よく変換できる．

(1) 重み抵抗形 D/A コンバータ

重み抵抗形 D/A コンバータは，原理が簡単な D/A コンバータで，4 ビットのディジタル入力を持つ基本構成を図 11-17 に示す．この図に示したように，ディジタル入力として $(D_3, D_2, D_1, D_0) = (1, 1, 0, 0)$ が加えられたとする．ディジタル信号入力に接続されたスイッチは，入力ビット 1，0 に対応してオン，オフする．ここでは，SW_3 と SW_2 がオン，SW_1 と SW_0 がオフとなる．この結果，図 11-17 の回路は図 11-18 のように書き換えられる．この図で，抵抗 R と $2R$ の合成抵抗を R_i とおくと，この回路は図 11-4 の反転増幅器の回路と同じである．したがって，アナログ出力電圧は式 (11-13) で与えられる．

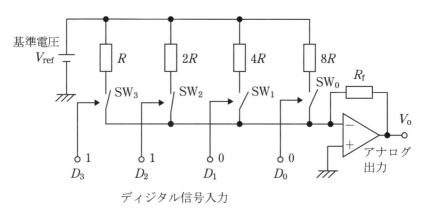

図 11-17 重み抵抗形 D/A コンバータ（4 ビットの例）

$$R_\mathrm{i} = \frac{(R \cdot 2R)}{(R+2R)} = \frac{2}{3}R$$

$$V_\mathrm{o} = -\frac{R_\mathrm{f}}{R_\mathrm{i}} V_\mathrm{ref} = -\frac{3R_\mathrm{f}}{2R} V_\mathrm{ref} \qquad\qquad (11\text{-}13)$$

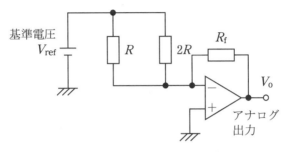

図 11-18　図 11-17 の等価回路

　重み抵抗形 D/A コンバータは，回路は簡単だが，ディジタル信号入力のビット数が増えると，抵抗値の異なる精度の高い多くの抵抗素子が必要となる．

⑵　R-2R ラダー抵抗形 D/A コンバータ

　R-2R ラダー抵抗形 D/A コンバータは，反転増幅器と R-2R ラダー抵抗およびスイッチから構成される．4 ビットのディジタル入力をもつ R-2R ラダー抵抗形 D/A コンバータの基本構成を**図 11-19** に示す．各スイッチは，入力ビット 1，0 に対応してオン，オフとなる．反転増幅器では，すでに述べたようにバーチャルショートが成り立つので，各スイッチが接地側にあっても，演算増幅器の－側に切り替わったとしても，2R の抵抗の両端の電圧はほとんど変化しない．この R-2R ラダー抵抗形 D/A コンバータでは，図 11-19 に示した①，②，③，④の各接続点から右側をみた合成抵抗は，いずれの場合も R となる．

基準電圧 V_ref から流れる電流を I_0 とすると，$I_0 = \dfrac{V_\mathrm{ref}}{R}$ である．次

に①から②に流れる電流と①から抵抗 $2R$ を通ってスイッチ SW_3 に流れる電流は等しく，それぞれ $\frac{1}{2}I_0$ となる．同様に，②から③に流れる電流は $\frac{1}{4}I_0$，③から④に流れる電流は $\frac{1}{8}I_0$，④から⑤に流れる電流は $\frac{1}{16}I_0$ となる一方，電圧に関しては，①で V_{ref}，②で $\frac{1}{2}V_{\text{ref}}$，③で $\frac{1}{4}V_{\text{ref}}$，④で $\frac{1}{8}V_{\text{ref}}$ となる．

　以上のことから，スイッチがバーチャルショート側に切り替わると，そのスイッチを通じて電流が流れ，それらの電流の和が帰還抵抗 R_f に流れる．したがって，アナログ出力 V_0 は，次式で表される．

$$V_0 = -R_f I_0 (D_3 2^{-1} + D_2 2^{-2} + D_1 2^{-3} + D_0 2^{-4})$$

$$= -V_{\text{ref}}\left(\frac{R_f}{R}\right)(D_3 2^{-1} + D_2 2^{-2} + D_1 2^{-3} + D_0 2^{-4})$$

$$(11\text{-}13)$$

　この方式では，n ビットの変換に対して必要な抵抗の数は，R が $(n-1)$ 個，$2R$ が $(n+1)$ 個ですむ利点があり，桁数の多い高精度の D/A コンバータに使用されている．

(3)　デコーダ形 D/A コンバータ

デコーダ形 D/A コンバータは，$2^n - 1$ 個の最小電圧をディジタル

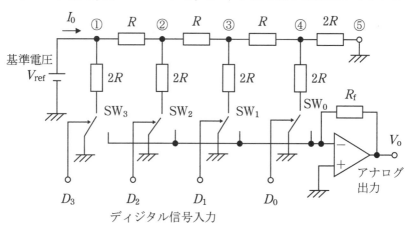

図 11-19　R-2R ラダー抵抗形 D/A コンバータ（4 ビットの例）

値に応じて加算した値をもとにアナログ電圧に変換する方式である.
図 11-20 は 3 ビットのディジタル入力を持つデコーダ形 D/A コンバータである. この回路に示すように, 2^0 の重みに相当する抵抗を直列に接続し, 基準電圧を印加すると各接続点に電圧が発生するので, ディジタル値に対応するスイッチのみをオンにすることでアナログ出力を取り出すことができる. ディジタル入力 n ビットに対して, 2^n 個の抵抗素子を必要とする.

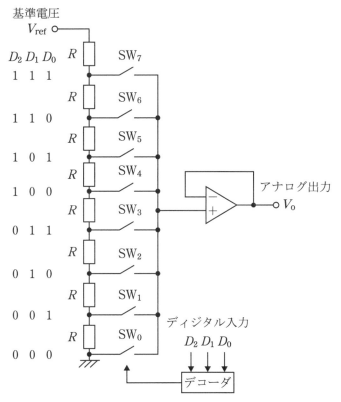

図 11-20 デコーダ形 D/A コンバータ (3 ビットの例)

章末問題 11

1 最近のディジタル機器で，A/D コンバータや D/A コンバータがどのように使用されているか調べよ．

2 図 11-11 の逐次比較形 A/D コンバータにおいて，コンパレータの動作を説明せよ．

3 A/D コンバータにおける標本化，量子化について説明せよ．

4 図 11-12 の逐次比較形 A/D コンバータで，アナログ電圧が 14.5 V の場合の変換過程を説明せよ．

5 図 11-15 の二重積分形 A/D コンバータにおいて，コンパレータの動作を説明せよ．

6 10 ビット 2 進 D/A コンバータの分解能はいくらか．

7 フルスケールが 0～10 V の 8 ビット A/D コンバータがある．分解能はいくらか．

8 クロック周波数 100 MHz の 16 ビット逐次比較形 A/D コンバータの変換時間を求めよ．

第12章　ハードウェア記述言語を用いたディジタル回路設計

　従来，ディジタル回路設計は，真理値表や状態遷移表などから論理式を導き，カルノー図などを利用して簡単化を行い，NAND ゲート，フリップフロップ，抵抗，コンデンサなどを組み合わせて行われてきた．また，CAD による回路設計では，回路規模の拡大と複雑化に伴い，膨大なデータ入力やデバッグに多くの時間を要するなどの問題点も生じている．

　このような状況の中，ディジタル回路を記述する HDL（Hardware Description Language）のようなハードウェア記述言語が開発され，プログラミング感覚で回路設計ができるようになってきている．今日，広く普及している HDL には，VHDL と Verilog HDL の2種類がある．

　また，CPLD（Complex Programmable Logic Device）や FPGA（Field Programmable Gate Array）のような，ユーザがプログラムを書き換えることができる PLD（Programmable Logic Device）の出現により，必要な設計データをそれらに転送することで，目的に合ったディジタル回路が構成できるようになった．このような設計手法は，今や一般的となっているが，回路の動作を理解する上において，本書第1章から第11章までのハードウェアの知識が重要であることに変わりはない．

　本章では，VHDL 記述の基本構造を説明し，組合せ回路や順序回路の VHDL 記述例を紹介する．また，FPGA についてその概要を紹介する．

☆この章で使う基礎事項☆

基礎 12-1　ハードウェア記述言語

　ハードウェア記述言語とは，ディジタル回路の構造と動作をプログラムで表現する方法で，回路に含まれる素子の構成や素子間の配線などを記述できる．代表的なハードウェア記述言語には，VHDL と Verilog-HDL がある．

基礎 12-2　FPGA

　FPGA とは，プログラマブルにディジタル回路を書き換えられる集積回路のことである．従来，ディジタル回路の設計は，回路図から 7400 シリーズに代表される汎用ロジック IC を用いて行われることが多かったが，近年は，プログラム開発のように，ハードウェア記述言語を用いて回路仕様を記述し，FPGA にダウンロードする方式が一般的である．FPGA は SRAM ベースの LUT（Look Up Table）と複数個のフリップフロップからなる基本論理ブロックのアレイ構造になっており，たとえば LUT に AND ゲートの真理値を書き込むことによりセルを AND ゲート化する．ASIC（Application Specific Integrated Circuit）のような回路が固定された専用の集積回路に比べて，後から容易に変更が可能で，その柔軟性からディジタル信号処理，画像処理などさまざまな用途に使用されている．

基礎 12-3　コンパイル

　コンパイル（Compile）とは，ハードウェア記述言語で記述されたソースファイルを，FPGA の内部接続関係を表すネットリストと呼ばれるデータファイルに変換することをいう．また，変換するためのソフトウェアを論理合成ツールという．

基礎 12-4　ネットリスト

ネットリスト（Netlist）とは，回路ブロックの接続関係を示したコードで，論理合成後のゲートレベル（Gate Level）の回路のことである．FPGA を用いた回路設計では，回路生成が可能な RTL（Register Transfer Level）の記述は，論理合成ツールによってゲートレベルのネットリストに変換される．

基礎 12-5　コンフィギュレーション

基礎 12-4 で述べたネットリストは，配置配線ツールを用いて，入出力ピンの割り当て，論理機能ブロックの配置や配線のためのデータであるオブジェクトファイルに変換される．書き込みツールを用いて，このオブジェクトファイルを FPGA に書き込む（設定する）ことをコンフィギュレーション（Configuration）という．

12-1　ハードウェア記述言語について

　コンピュータを利用した回路設計環境の進展に伴い，ハードウェア記述言語による回路設計が主流になってきている．代表的なハードウェア記述言語には，VHDL と Verilog-HDL がある．VHDL は，1980 年代初頭に米国国防総省で行われた VHSIC（Very High Speed Integrated Circuit）project（超高速 IC プロジェクト）から誕生した言語である．一方，Verilog-HDL は，1985 年に米国の当時の Gateway Design Automation 社により，論理シミュレーション用言語として開発され，シミュレーション用の言語としては事実上の業界標準となった．その後，1995 年に IEEE1364 として標準化された．

　ハードウェア記述言語の出現により，プログラムを作成するようにディジタル回路の設計が可能になった．さらに，この設計データを FPGA に転送すればディジタル回路を実現することができる．本書では，ハードウェア記述言語として VHDL を取り上げる．

12-2　VHDL 記述の概要

(1)　記述レベル

　VHDL には記述レベルという概念があり，3 つの記述レベルがある．

①　ゲートレベル（Gate Level）は，最も物理的な回路に近い記述で，AND ゲートや OR ゲートなどの接続を通してハードウェアを記述するレベルである．

②　RTL（Register Transfer Level）は，ラッチ回路など順序回路に相当する部分をレジスタとして抽象化し，クロックに対するレジスタの振る舞いを記述したものである．

③　動作レベル（Behavior Level）は，最も抽象的な記述方法で，動作だけを確認したい場合などに用いられる．

　本書では，ディジタル回路はレジスタ間を組合せ論理回路で構成されるという考えに基づく RTL を利用する．VHDL では，信号名の大文字と小文字の区別はないが，内部信号は小文字，外部信号は大文字を用いることにする．

(2)　**基本構造**

VHDL 記述の基本構造を**図 12-1** に示す．VHDL 記述は，パッケージ呼び出し部，エンティティ部，アーキテクチャ部の 3 つからなる．

①　パッケージ呼び出し部

　パッケージ呼び出し部は，各種演算子や関数などを定義したパッケージを呼び出す部分である．VHDL では，記述に必要なデータ型や演算子などに関する定義が，パッケージに収められており，それら

①　パッケージ呼び出し部

```
library ライブラリ名;
use ライブラリ名,パッケージ,all;
```

②　エンティティ部

```
entity エンティティ名 is
  port 文(入力と出力)
end エンティティ名;
```

③　アーキテクチャ部

```
architecture アーキテクチャ名 of エンティティ名 is
  signal 文
  begin
    内部回路
  end アーキテクチャ名;
```

図 12-1　VHDL 記述の基本構造

は IEEE 標準ライブラリと呼ばれる．パッケージを利用するには，そのパッケージが含まれているライブラリの指定を library 文によりまず行い，続けて use 文により利用するパッケージの指定を行う．ここで，all は，内部で定義されているすべての関数を使用可能にするという意味である．

標準パッケージの種類を**表 12-1** に示す．

表 12-1　標準パッケージ

パッケージ	意味
std_logic_1164	基本パッケージ，基本関数の呼び出し
std_logic_unsigned	符号なし演算用
std_logic_signed	符号付き演算用
std_logic_arith	符号付き演算・符号なし混在演算用

② エンティティ（entity）部

エンティティ宣言は，外部との入出力インタフェースを定義する部分で，回路記述をする前に必要である．エンティティ宣言では，作成するエンティティの入出力ポートの一覧，およびそれらの属性やデータタイプを記述する．外部との入出力ピンを port として定義する．フォーマットは以下のようになる．

　　port(信号名：属性　データタイプ；

　　　　信号名：属性　データタイプ；

　　　　　　　　　　　：

　　　　信号名：属性　データタイプ

　　　　）；

属性は，in（入力），out（出力），inout（双方向）のいずれかを指定する．

ポート宣言では，最後の行だけ「；」は不要で，「)；」を付ける．データタイプは，VHDL では重要で，基本的にデータタイプが一致

した信号どうしでのみ演算や接続が可能である．

標準的なデータタイプの種類を**表 12-2** に示す．

表12-2　標準的データタイプ

データタイプ	意味
bit	0,1
bit_vector	bit のベクトルタイプ
integer	整数
boolean	論理値（false, true）
std_logic	0，1，Z（ハイ・インピーダンス），X（不定），U（初期値）
std_logic_vector	std_logic のベクトルタイプ

③　アーキテクチャ（architecture）部

アーキテクチャは，内部の動作や構造を記述した部分で，回路の本体である．コンポーネント内部の動作，構造，接続などを定義する．この構造で，回路記述やシミュレーション記述を行う．

RTL 記述は，ブール代数による論理式などを，同時処理文を用いて記述する．真理値表を，そのまま論理式で表したものである．

アーキテクチャ部の動作の記述は，begin ～ end の間で行う．回路の動作を記述するには，同時処理文と順次処理文の2種類がある．同時処理文による記述は，記述した順序に関係なく同時並行的に動作する．この文により記述された回路はそれぞれ独立して動作するので，論理ゲートによる組合せ回路などの記述に適している．一方，順次処理文は，process ～ end 間でのみ使用可能で，記述した順に動作する．フリップフロップを用いた順序回路などを記述するのに適している．

アーキテクチャは，エンティティ宣言部に従属しているので，

　　　アーキテクチャ名　of　エンティティ名　is

のように，どのエンティティに含まれるという記述で始まり，回路記述部を begin と end で囲った中に記述する．end の後には再度アーキ

テクチャ名を記述する．アーキテクチャ名は，RTL とか behavior にしておくことが多い．本書では，RTL を用いることにする．

　内部で使用する信号は，architecture と begin の間に以下のように記述する．

　　　signal 信号名：データタイプ；

12-3　組合せ回路の記述例

　図 12-2 は，半加算器のゲート回路を用いた回路とそのブロック図である．また，図 12-3 は，半加算器の VHDL 記述である．

　図 12-3 のパッケージ読み出し部では，library 文と use 文は，IEEE で仕様が決まっている 1164 を利用するため，最初に記述する．エンティティ部の記述部分では，port 文で，入力信号 A，B と出力信号 C（桁上げ），S（和）とその方向，データタイプを指定する．アーキテクチャ部の記述では，回路の中身について記述する．アーキ

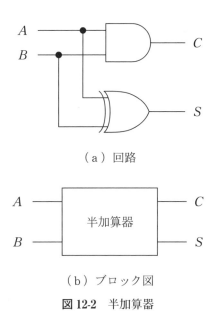

（a）回路

（b）ブロック図

図 12-2　半加算器

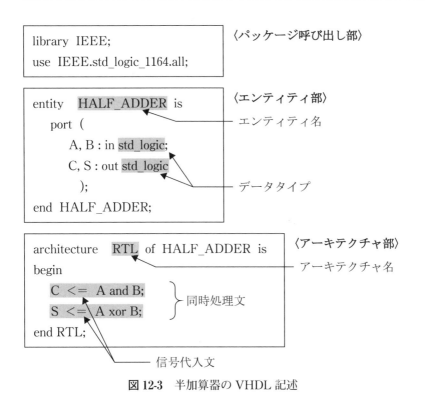

library IEEE;
use IEEE.std_logic_1164.all;

〈パッケージ呼び出し部〉

entity   HALF_ADDER is
    port (
        A, B : in std_logic;
        C, S : out std_logic
        );
end HALF_ADDER;

〈エンティティ部〉
── エンティティ名

── データタイプ

architecture   RTL of HALF_ADDER is
begin
    C <= A and B;
    S <= A xor B;
end RTL;

〈アーキテクチャ部〉
── アーキテクチャ名

同時処理文

── 信号代入文

図 12-3　半加算器の VHDL 記述

テクチャ宣言で，begin 文では演算を行う．同時処理文による記述は，記述した順序に関係なくすべてが同時に実行される．アーキテクチャ名は，内部処理を記述する部分で，ここでは RTL とする．

　また，この半加算器をコンポーネント化し，全加算器の階層下として使用することができる．

　次に，全加算器は，**図 12-4** に示すように，半加算器 2 個とゲート回路で構成できる．いま，半加算器の VHDL 記述を図 12-3 とすれば，これを下位層として，階層記述した全加算器の VHDL 記述は**図 12-5**のようになる．図 12-5 で，アーキテクチャ部に下位層である半加算器が component 文として記述されている．この component 文と図 12-3 の半加算器のエンティティ部は対応関係にある．さらに，図 12-5

第1章　第2章　第3章　第4章　第5章　第6章　第7章　第8章　第9章　第10章　第11章　第12章　巻末問題解答

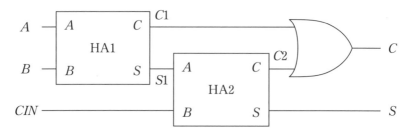

図 12-4　半加算器で構成した全加算器のブロック図

の begin 以下に同時処理文として, 2 個の HALF_ADDER の組み込み記述があり, 部品名としてそれぞれに HA1 および HA2 と名前が付けられている. ここで, コンポーネント名は, 下位層の半加算器のエンティティ名と同じで, port 文は下位層の port 文と同じでなければならない.

　半加算器を下位層として図 12-5 の全加算器の VHDL 記述で, アーキテクチャ部の①と③の部分は, 階層設計において下位モジュールを呼び出す方法で構造化記述と呼ばれる. VHDL では, ③のようにコンポーネント・インスタンス文で下位モジュールを呼び出す前に, ①のように "architecture" と "begin" の間にそのモジュールがどのような形で構成されているかを表すコンポーネント宣言をしなければならない. また, 内部信号 $C1$, $S1$, $C2$ は②の部分で, signal 文で宣言する.

　下位階層のポートと信号は, port map で結合する. 図 12-5 の③は位置による関連付けで, ポート文で書かれた順番に対応する. HA2 の最初に書かれている信号 $S1$ は, HA1 の最初のポート A に, CIN は B に, $C2$ は $C1$ に, S は $S1$ に関連付けられる. また, 桁上げ C は, $C1$ と $C2$ の論理和となる.

　コンポーネント・インスタンス文は, 以下のように記述する.

　　ラベル名：コンポーネント名　　port map（入出力信号, …）；

```
library IEEE;
use IEEE.std_logic_1164.all;
```
〈パッケージ呼び出し部〉

```
entity FULL_ADDER is
  port (
    A, B, CIN : in std_logic;
    C, S : out std_logic
      );
end FULL_ADDER;
```
〈エンティティ部〉

```
architecture RTL of FULL_ADDER is
```
〈アーキテクチャ部〉

```
  component HALF_ADDER is
    port (
      A, B : in std_logic;
      C, S : out std_logic
        );
  end component;
```
①コンポーネント宣言
コンポーネント名

```
  signal C1,S1,C2 : std_logic;
```
②内部信号を定義

```
begin
```

```
  HA1 : HALF_ADDER port map (A,B,C1,S1);
  HA2 : HALF_ADDER port map (S1,CIN,C2,S);
```
③コンポーネント・インスタンス文

```
C <= C1 or C2;
end RTL;
```

図 12-5　全加算器の VHDL 記述

〈第1章〉〈第2章〉〈第3章〉〈第4章〉〈第5章〉〈第6章〉〈第7章〉〈第8章〉〈第9章〉〈第10章〉〈第11章〉〈第12章〉〈章末問題解答〉

12-4　順序回路の記述例

図 12-6 は，D フリップフロップの論理記号，**表** 12-3 はその状態遷移表を表す.

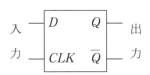

図 12-6　D フリップフロップの
論理記号

表 12-3　D フリップフロップの状態遷移表

入力		出力	
D	CLK	Q	$\overline{Q}$
0		0	1
1		1	0

図 12-7 に，D フリップフロップの VHDL 記述を表す.

```
library  IEEE;
use  IEEE.std_logic_1164.all;
entity   DFF  is
   port  (
       CLK, D : in std_logic;
       Q : out std_logic
          );
end DFF;
architecture   RTL  of  DFF  is
begin
 process (CLK)
 begin
  if (CLK'event and CLK='1') then
     Q  <=  D;
   end if;
  end process;
end RTL;
```

}　process 文

図 12-7　D フリップフロップの VHDL 記述

　順序回路の VHDL 記述には process 文が用いられる．process 文は if 文や case 文に対応する回路が含まれるブロックを定義するものである．process 文は順次処理文と呼ばれ，記述された順序に従って意味が解析され，回路が合成される．この順次処理文を用いることにより，順序回路のような内部に記憶回路を有し，その記憶回路の状態によって出力が決定されるような記述が可能となる．

　図 12-7 の VHDL 記述において，

　　　　if（CLK'event and CLK ＝ '1'）then Q ＜＝ D；

は以下のように説明される．

　クロックパルスに変化があって，かつ立ち上がりの場合，出力 Q に D の値が出力される．これは event 属性と呼ばれる．

12-5　FPGA について

　FPGA は，プログラムによって内部回路の書き換えが可能な LSI（Large Scale Integration）のことである．FPGA は，Field（使用する現場で），Programmable（内容を書き込むことのできる），GA（Gate Array）という意味である．他の LSI と異なり，内部の論理機能や配線が固定されているのではなく，外部の記憶媒体に格納された回路構成データが電源オン後に FPGA 内部にロードされて機能する．

　図 12-8 に示した FPGA の内部は，図 12-9 に示すように，プログラム可能な論理ブロックがアレイ状に配置されている．論理ブロックは，4 または 6 入力の LUT（Look Up Table）とフリップフロップで構成されている．ここで，LUT は，すべての入力の組み合わせに対してあらかじめ定義された出力のリストを記憶し，入力信号の組み合わせに応じて記憶されているデータの一つを選んで出力する回路である．LUT は，第 6 章で学習したマルチプレクサに記憶素子を組み合わせた回路構成と考えることができる．

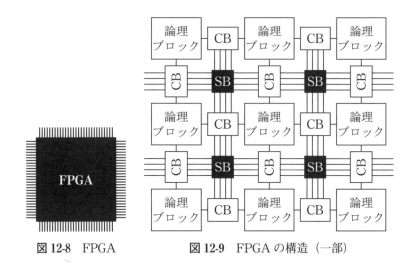

図12-8　FPGA　　　図12-9　FPGAの構造（一部）

　SB（Switch Block）とCB（Connection Block）は，論理ブロック間あるいは配線間の接続をオン/オフするための半導体スイッチで構成され，ネットリストに基づいて自由に変更し，それを実装したボードで動作検証を行うことにより，仕様に基づいた設計が可能となる.

　FPGAにはいくつか種類があるが，その一つに高集積度が実現できるSRAMベースのFPGAがある. FPGAのメリットは，プログラムの書き換えが可能，演算速度が大，遅延が少ない，消費電力量が比較的少ないなどがあげられる.

　近年では，A/Dコンバータやマイコン，ディジタル信号処理機能などを内蔵したFPGAも登場しており，高機能・高集積・大規模化するにつれ，通信分野，カーエレクトロニクス分野，航空宇宙分野，ロボット制御分野など産業用として幅広く用いられている.

12-6　VHDLによるFPGA設計

　図12-10は，VHDLによるFPGA設計の流れを示している. 最初に，汎用のテキストエディタや設計支援ツールを用いて，希望する機

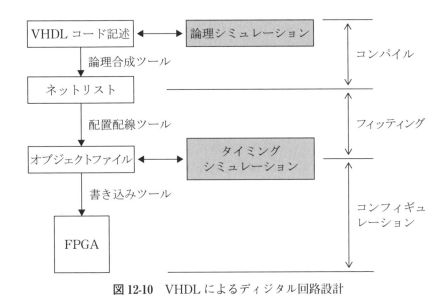

図 12-10　VHDL によるディジタル回路設計

能を VHDL で記述したテキストファイルを作成する．VHDL で記述した回路が期待どおりの動作をするかどうかの確認は検証（ベリフィケーション）と呼ばれ，これには論理シミュレータが用いられる．この際，設計した回路にテスト信号などを加えるための回路が必要となる．この回路も VHDL で記述され，この回路のことをテストベンチと呼ぶ．テストベンチの役割として，検証対象に加える信号パターンを入力し，検証対象が出力する信号パターンの評価と，シミュレーション実行時の検証対象の内部状態を観測しての評価がある．ここでは，VHDL で記述したディジタル回路が論理機能の面で正しいかどうかを検証する論理シミュレーションが行われる．この段階では，実際の回路で生じる動作遅延は考慮しない．

　VHDL で記述したシステム全体の機能は，論理合成ツールというソフトウェアを用いることでネットリストと呼ばれる各回路部品の接続関係を示すテキストファイルに変換される．AND，OR，NOT な

どのゲートレベルのネットリスト（ゲート間の配線情報）に変換することをコンパイルという.

　次に，配置配線ツールを用いて，I/O ピンの割り当てや配線接続など書き込み用データファイルであるオブジェクトファイルを作成する. この処理はフィッティングと呼ばれる. また，ここでは，配置配線された結果が，デバイスの遅延や配線遅延などの指定したタイミング制約を満たしているかどうかを検証するタイミングシミュレーションが実施される. 特に，回路規模が大きい場合，仕様設計通りの動作のためには伝搬遅延時間を十分考慮した設計が必要となる.

　さらに，このオブジェクトファイルは書き込みツールを用いてFPGA に書き込まれる. これをコンフィギュレーションという.

　VHDL を用いれば，プログラミングを行うような感覚でディジタル回路の設計ができる. また，汎用ロジック IC などを用いた製作を行わなくても，設計データを FPGA デバイスに転送するだけでディジタル回路を実現することが可能である. この方法で，簡単な組合せ回路や順序回路はもちろん，CPU などの高機能な回路を構成することもできる.

　以上述べたように，回路設計の作業は，VHDL を用いて FPGA 内部を目的のディジタル回路に仕立て上げるコードを記述することである. VHDL で記述されたソースファイルは，FPGA 内部で回路を実現するためのデータに変換され，このデータをダウンロードすることにより FPGA 内部の配線が変更され，ユーザの仕様に合った IC として動作する. プログラム可能な集積回路にマイクロプロセッサがあるが，命令を逐次処理するために処理速度が制限される. それに比べてVHDL を用いて実現した FPGA では，処理が並列に行われるため高速であり，通信や画像処理など高速処理が要求される分野では特に有用である.

章末問題 12

1 ハードウェア記述言語の長所を説明せよ.

2 回路図による LSI 設計とハードウェア記述言語を用いて FPGA へ実装する場合の相違点や特徴などをあげよ.

3 次の文章の (a) から (d) に入る適切な用語を記入せよ.

ある特定の用途に特化して設計された回路をそのまま集積回路として製造したものが (a) である. このようなカスタム品は開発コストが膨大となり, 一度製造してしまうと変更が難しい. したがって, 新たに初めから設計・製造しなければならず, 多くのコストが必要になる. (b) は, 購入後にユーザが内部の回路を電気的に書き込むことで回路構成が実現できる集積回路である. (b) には, 大きく分けて (c) と (d) がある. (c) は, 集積度が高く, 多くの素子を組み合わせて回路を構成できる. 一方, (d) は, より高い集積度をもち, より高度な機能をもたせることができる. 多くの (d) は内部の記憶素子が揮発性メモリで構成され, 電源オフで内容が失われるが, (c) は, 不揮発メモリで構成され, 起動直後に動作させることができる.

章末問題解答

＜第1章＞

1 アナログ温度計の1つである水銀温度計はガラス管内に水銀を封入し，水銀の熱膨張を利用する．温度測定は，連続的に変化する物理量をガラス管につけた目盛りを読み取って行う．一方，デジタル温度計は，たとえば，サーミスタの温度によって抵抗値が変化する性質を利用し，これをアナログ／ディジタル変換して離散的な数字で表示する．

2 アナログ回路……増幅回路，微分回路，積分回路

ディジタル回路……加算器，カウンタ，レジスタ

3 デジタルカメラ…… CCD（電荷結合素子）を用いて画像をディジタル信号に変換してメモリに取り込む．

フィルム式カメラ……画像を色の濃淡としてフィルムに記録する．

4 アナログコンピュータ……情報の量を連続的な物理量に変換して計算するコンピュータ

ディジタルコンピュータ……情報をすべて離散的な数値で表して処理するコンピュータ

5 電流は正電荷，電子は負電荷の違いはあるが，移動速度は同じである．電子はおよそ光の速さである毎秒30万キロメートルで移動する．したがって，3 m の銅線を通過する時間 t は

$$t = \frac{3}{3 \times 10^8} = 10^{-8} \text{ s} = 10 \text{ ns}$$

<第 2 章>

1 グレイコードは連続する 2 つの数の表示が 1 か所の数字だけ異なる表現法である．たとえば，10 進数の 7 は通常の 2 進コードで0111，10 進数の 8 は 1000 で連続する 2 つの数の表示が 4 か所変化する．これに対して，グレイコードでは，0100 が 1100 となり 1ビットだけ変化する．**章末解表 1** に 10 進数と 2 進コード，グレイコードの関係を示す．

章末解表 1 10 進数，2 進コード，グレイコードの対応表

10 進数	2 進コード	グレイコード	10 進数	2 進コード	グレイコード
0	0000	0000	8	1000	1100
1	0001	0001	9	1001	1101
2	0010	0011	10	1010	1111
3	0011	0010	11	1011	1110
4	0100	0110	12	1100	1010
5	0101	0111	13	1101	1011
6	0110	0101	14	1110	1001
7	0111	0100	15	1111	1000

このようにグレイコードでは，連続する 2 つの数のハミング距離は常に 1 である．ハミング距離は，ある 2 つの 4 ビットの 2 進数を$x_3x_2x_1x_0$, $y_3y_2y_1y_0$ とすると，$\sum_{i=0}^{3}|x_i - y_i|$ で定義される．また，**章末解表 1** からわかるように対称性を持っている．連続するコードで何ビット目が変化するかを調べると 121, 1213121,121312141213121, …と対称に並ぶ列ができる．

10 進数の 15 を例にとると，グレイコードは次のように 2 進コードに変換される．

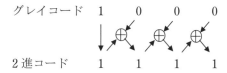

最上位ビットは2つのコードとも同じである．それ以外のビットについては，該当するグレイコードのビットと，1つ上位の2進コードのビットの排他的論理和（第3章，3-4参照）によって求められる．

2 10進数の1桁0から9までを5ビットで表現する．そのうち2ビットが1のコードである．この結果，1ビットの誤り検出が容易になる．**章末解表2**に2 out-of-5コードを10進数との対応で示す．

章末解表2　2 out-of-5 コード表

10進数	2 out-of-5 コード
0	1 1 0 0 0
1	0 0 0 1 1
2	0 0 1 0 1
3	0 0 1 1 0
4	0 1 0 0 1
5	0 1 0 1 0
6	0 1 1 0 0
7	1 0 0 0 1
8	1 0 0 1 0
9	1 0 1 0 0

3 $1000 - 882 = 118$

4 (1) 100000　(2) 1100100　(3) 100000010
(4) 1111100111.11111101011100001010001 …

5 (1) 4660　(2) 4783　(3) 171.8007 …

6 (1) 10100110　(2) 10010.00110100
(3) 10101011.11001101

7 (1) 86　(2) 543

8 (3) 34.5

●209●

⑨ (1) $A + B = 0.1101$

(2) $A - B = 0.0101$

(3) $B - A = 1.1011$

(4) $-A - B = 1.0011$

⑩ 118_{10}, 76_{16}

⑪ (1) 1111011

(2) 0.11

(3) 123

(4) 10000000

⑫ 1000001

<第3章>

①

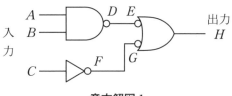

章末解図1

解答 A, B, C, H：正論理，D, E, F, G：負論理

② (1) インバータは，NANDゲートの入力端子を接続することで構成できる．

章末解図2 インバータ

(2) ANDゲートは，NANDゲートの出力端子にインバータを接続することで構成できる．

章末解図 3　AND ゲート

(3)　OR ゲートは，NAND ゲートの入力端子にインバータを接続することで構成できる．

章末解図 4　OR ゲート

3 (1)　インバータは，NOR ゲートの入力端子を接続することで構成できる．

章末解図 5　インバータ

(2)　AND ゲートは，NOR ゲートの入力端子にインバータを接続することで構成できる．

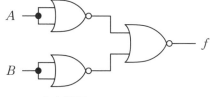

章末解図 6　AND ゲート

(3)　OR ゲートは，NOR ゲートの出力端子にインバータを接続することで構成できる．

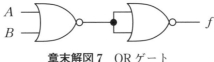

章末解図 7 OR ゲート

4 $f = \overline{A} \cdot B + A \cdot \overline{B} = \overline{A} \cdot B + A \cdot \overline{B} + A \cdot \overline{A} + B \cdot \overline{B}$

$= A \cdot (\overline{A} + \overline{B}) + B \cdot (\overline{A} + \overline{B}) = A \cdot (\overline{A \cdot B}) + B \cdot (\overline{A \cdot B})$

$= \overline{\overline{A \cdot (\overline{A \cdot B}) + B \cdot (\overline{A \cdot B})}} = \overline{\{A \cdot \overline{(A \cdot B)}\} \cdot \{B \cdot \overline{(A \cdot B)}\}}$

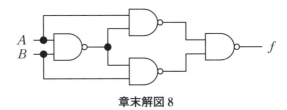

章末解図 8

5 $A \cdot B = (A + B) \oplus (A \oplus B)$ （真理値表を作成し確認できる）

＜第 4 章＞

1 (1) $A \cdot B + \overline{A} \cdot \overline{B} + B \cdot C = A \cdot B + \overline{A} \cdot \overline{B} + \overline{A} \cdot C$

　　左辺 $= A \cdot B + \overline{A} \cdot \overline{B} + (A + \overline{A}) \cdot B \cdot C$

　　　$= A \cdot B + \overline{A} \cdot \overline{B} + A \cdot B \cdot C + \overline{A} \cdot B \cdot C$

　　　$= A \cdot B \cdot (1 + C) + \overline{A} \cdot (\overline{B} + B \cdot C)$

　　　$= A \cdot B + \overline{A} \cdot (\overline{B} + C) = A \cdot B + \overline{A} \cdot \overline{B} + \overline{A} \cdot C$

となり，右辺に等しい.

　(2) $A \cdot \overline{B} + B \cdot \overline{C} + \overline{A} \cdot C = \overline{A} \cdot B + \overline{B} \cdot C + A \cdot \overline{C}$

　　左辺 $= A \cdot \overline{B} \cdot (C + \overline{C}) + (A + \overline{A}) \cdot B \cdot \overline{C} + \overline{A} \cdot C \cdot (B + \overline{B})$

　　　$= (A + \overline{A}) \cdot \overline{B} \cdot C + A \cdot \overline{C} \cdot (\overline{B} + B) + \overline{A} \cdot B \cdot (\overline{C} + C)$

　　　$= \overline{A} \cdot B + \overline{B} \cdot C + A \cdot \overline{C}$

となり，右辺に等しい.

2 (1) $f = A \cdot B + A \cdot \overline{B} + A \cdot \overline{C} = A \cdot (B + \overline{B}) + A \cdot \overline{C}$

$= A + A \cdot \overline{C} = A \cdot (1 + \overline{C}) = A$

(2) $f = A \cdot B \cdot \overline{C} + \overline{A} \cdot B \cdot C + A \cdot \overline{B} \cdot C + A \cdot B \cdot C = A \cdot B \cdot (\overline{C}$

$+ C) + \overline{A} \cdot B \cdot C + A \cdot \overline{B} \cdot C = A \cdot B + \overline{A} \cdot B \cdot C + A \cdot \overline{B} \cdot C$

$= A \cdot (B + \overline{B} \cdot C) + \overline{A} \cdot B \cdot C = A \cdot (B + C) + \overline{A} \cdot B \cdot C$

$= A \cdot B + A \cdot C + \overline{A} \cdot B \cdot C = A \cdot B + C \cdot (A + \overline{A} \cdot B)$

$= A \cdot B + C \cdot (A + B) = A \cdot B + B \cdot C + C \cdot A$

(3) $f = A \cdot B + B \cdot C \cdot D + \overline{A} \cdot C = A \cdot B \cdot (C + \overline{C}) \cdot (D + \overline{D})$

$+ (A + \overline{A}) \cdot B \cdot C \cdot D + \overline{A} \cdot C \cdot (B + \overline{B}) \cdot (D + \overline{D})$

$= A \cdot B \cdot C \cdot D + A \cdot B \cdot C \cdot \overline{D} + A \cdot B \cdot \overline{C} \cdot D + A \cdot B \cdot \overline{C} \cdot \overline{D}$

$+ A \cdot B \cdot C \cdot D + \overline{A} \cdot B \cdot C \cdot D + \overline{A} \cdot B \cdot C \cdot D + \overline{A} \cdot B \cdot C \cdot \overline{D}$

$+ \overline{A} \cdot \overline{B} \cdot C \cdot D + \overline{A} \cdot \overline{B} \cdot C \cdot \overline{D} = A \cdot B \cdot (C \cdot D + C \cdot \overline{D} + \overline{C} \cdot D$

$+ \overline{C} \cdot \overline{D}) + \overline{A} \cdot C \cdot (B \cdot D + B \cdot \overline{D} + \overline{B} \cdot D + \overline{B} \cdot \overline{D})$

$= A \cdot B + \overline{A} \cdot C$

(4) $f = A \cdot B \cdot \overline{C} \cdot \overline{D} + \overline{A} \cdot B \cdot C \cdot \overline{D} + A \cdot \overline{B} \cdot \overline{C} \cdot D + A \cdot B \cdot C \cdot D$

$+ A \cdot \overline{B} \cdot \overline{C} \cdot \overline{D} + A \cdot B \cdot \overline{C} \cdot D + A \cdot B \cdot C \cdot \overline{D} + \overline{A} \cdot \overline{B} \cdot C \cdot \overline{D}$

$= A \cdot B \cdot (\overline{C} \cdot \overline{D} + C \cdot D + \overline{C} \cdot D + C \cdot \overline{D}) + A \cdot \overline{B} \cdot \overline{C} \cdot$

$(D + \overline{D}) + \overline{A} \cdot C \cdot \overline{D} \cdot (B + \overline{B}) = A \cdot B + A \cdot \overline{B} \cdot \overline{C} + \overline{A} \cdot C \cdot$

$\overline{D} = A \cdot (B + \overline{B} \cdot \overline{C}) + \overline{A} \cdot C \cdot \overline{D} = A \cdot (B + \overline{C}) + \overline{A} \cdot C \cdot \overline{D}$

$= A \cdot B + A \cdot \overline{C} + \overline{A} \cdot C \cdot \overline{D}$

3 (1) $f = \overline{(A + B) \cdot (A \cdot B)} = \overline{(A + B)} + \overline{A \cdot B} = \overline{A} \cdot \overline{B} + \overline{A} + \overline{B}$

$= \overline{A} + \overline{B}$

(2) $f = \overline{\overline{(A+B)} + \overline{(A \cdot B)}} = \overline{\overline{(A+B)}} \cdot \overline{\overline{A \cdot B}} = (A + B) \cdot A \cdot B$

$= A \cdot B$

(3) $f = \overline{\overline{\overline{A} + \overline{B}}} = \overline{\overline{A}} \cdot \overline{\overline{B}} = A \cdot B$

(4) $f = \overline{A + B + \overline{B} \cdot \overline{C}} = \overline{(A+B)} \cdot \overline{\overline{B} \cdot \overline{C}} = \overline{A} \cdot \overline{B} \cdot (\overline{\overline{B}} + \overline{\overline{C}})$

$= \overline{A} \cdot \overline{B} \cdot (B + C) = 0 + \overline{A} \cdot \overline{B} \cdot C = \overline{A} \cdot \overline{B} \cdot C$

第1章 第2章 第3章 第4章 第5章 第6章 第7章 第8章 第9章 第10章 第11章 第12章 章末問題解答

4 $f = \overline{A + B} = \overline{A} \cdot \overline{B}$

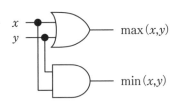

章末解図 9

5 $f = (A \cdot B + C) + \overline{(A \cdot B + C)} \cdot (A + C \cdot D) = A \cdot B + C + A + C \cdot D = A \cdot (B + 1) + C \cdot (1 + D) = A + C$

＜第 5 章＞

1 $f = \overline{\overline{A \cdot B} + C \cdot \overline{D}}$

2

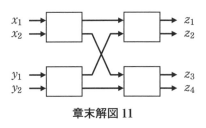

章末解図 10

3　　　　章末解表 3

入力				出力			
x_1	x_2	y_1	y_2	z_1	z_2	z_3	z_4
0	0	0	0	0	0	0	0
0	1	1	0	1	1	0	0
1	0	1	0	1	1	0	0
0	0	1	0	1	0	0	0
1	1	1	1	1	1	1	1

章末解図 11

4 (1) $f = \overline{\overline{A \cdot B} + \overline{C \cdot D}} = \overline{\overline{A \cdot B} \cdot \overline{C \cdot D}}$

NANDゲートの使用個数：3個

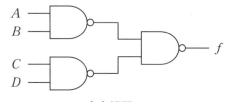

章末解図 12

(2) $f = \overline{\overline{A \cdot B} \cdot \overline{C \cdot D}} = \overline{(\overline{A} + \overline{B}) \cdot (\overline{C} + \overline{D})} = \overline{(\overline{A} + \overline{B}) + (\overline{C} + \overline{D})}$

NORゲートの使用個数：8個

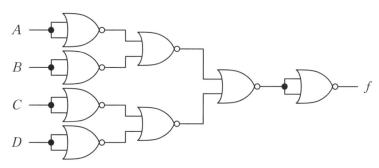

章末解図 13

5 (1) $f = \overline{x} \cdot \overline{y} \cdot z + \overline{x} \cdot y \cdot \overline{z} + x \cdot \overline{y} \cdot \overline{z} + x \cdot y \cdot z$

(2) **章末解図 14**からわかるように，fは式(1)以上簡単化できない．

xy \ z	0	1
00		1
01	1	
11		1
10	1	

章末解図 14 カルノー図

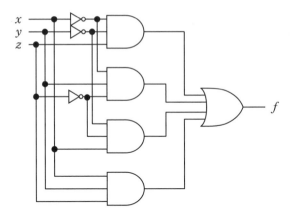

章末解図 15　論理回路

6

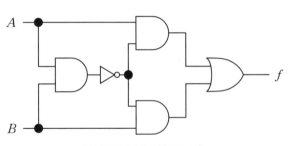

章末解図 16　論理回路

7　$f = \overline{\overline{\overline{x \cdot y \cdot z}}} = \overline{\overline{x \cdot y \cdot z} \cdot \overline{x \cdot y \cdot z}}$

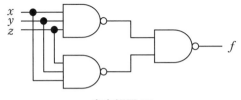

章末解図 17

8　$f = \overline{\overline{\overline{x + y + z}}} = \overline{\overline{x + y + z} + \overline{x + y + z}}$

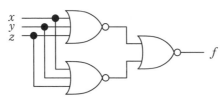

章末解図 18

9 $f = \overline{A}\cdot\overline{C} + A\cdot\overline{B}\cdot\overline{C} + C = C + \overline{C}\cdot(\overline{A} + A\cdot\overline{B})$

$\quad = C + \overline{A} + A\cdot\overline{B} = \overline{A} + \overline{B} + C$

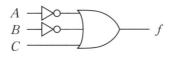

章末解図 19

10

CD\\AB	00	01	11	10
00			1	1
01	1		1	1
11	1		1	1
10				

章末解図 20 カルノー図

$$f = B\cdot\overline{D} + B\cdot C + \overline{A}\cdot C$$

11

章末解表 4　真理値表

入力				出力			
2^3	2^2	2^1	2^0	2^3	2^2	2^1	2^0
A	B	C	D	a	b	c	d
0	0	0	0	1	0	0	1
0	0	0	1	1	0	0	0
0	0	1	0	0	1	1	1
0	0	1	1	0	1	1	0
0	1	0	0	0	1	0	1
0	1	0	1	0	1	0	0
0	1	1	0	0	0	1	1
0	1	1	1	0	0	1	0
1	0	0	0	0	0	0	1
1	0	0	1	0	0	0	0

10 進数 1 桁なので，10_{10}（1010_2）から 15_{10}（1111_2）までは扱わない．これら使用しない入力の組合せに対しては出力 a, b, c, d は "0" でも "1" でもよい．これらの冗長な組合せを簡単化にうまく利用する（無効組合せ）．

はじめに，真理値表から出力 a, b, c, d それぞれについて主加法標準形を求める．

$$a = \overline{A} \cdot \overline{B} \cdot \overline{C} \cdot \overline{D} + \overline{A} \cdot \overline{B} \cdot \overline{C} \cdot D$$

$$b = \overline{A} \cdot \overline{B} \cdot C \cdot \overline{D} + \overline{A} \cdot \overline{B} \cdot C \cdot D + \overline{A} \cdot B \cdot \overline{C} \cdot \overline{D} + \overline{A} \cdot B \cdot \overline{C} \cdot D$$

$$c = \overline{A} \cdot \overline{B} \cdot C \cdot \overline{D} + \overline{A} \cdot \overline{B} \cdot C \cdot D + \overline{A} \cdot B \cdot C \cdot \overline{D} + \overline{A} \cdot B \cdot C \cdot D$$

$$d = \overline{A} \cdot \overline{B} \cdot \overline{C} \cdot \overline{D} + \overline{A} \cdot \overline{B} \cdot C \cdot \overline{D} + \overline{A} \cdot B \cdot \overline{C} \cdot \overline{D} + \overline{A} \cdot B \cdot C \cdot \overline{D} + A \cdot \overline{B} \cdot \overline{C} \cdot \overline{D}$$

次に a, b, c, d それぞれについてカルノー図を作成し，簡単化した論理式を求める．

このカルノー図において，X は 0 でも 1 でもよい無効組合せを

表す．簡単化に寄与する場合に用いればよい．

① *a*

CD＼AB	00	01	11	10
00	1	1		
01				
11	X	X	X	X
10			X	X

$$a = \overline{A} \cdot \overline{B} \cdot \overline{C} = \overline{A + B + C}$$

② *b*

CD＼AB	00	01	11	10
00			1	1
01	1	1		
11	X	X	X	X
10			X	X

$$b = B \cdot \overline{C} + \overline{B} \cdot C$$

③ *c*

CD＼AB	00	01	11	10
00			1	1
01			1	1
11	X	X	X	X
10			X	X

$$c = C$$

④ *d*

CD＼AB	00	01	11	10
00	1			1
01	1			1
11	X	X	X	X
10	1		X	X

$$d = \overline{D}$$

＜第6章＞

1 下図のような入出力関係を有する比較回路を設計する．

$A \begin{cases} A_1 \\ A_0 \end{cases}$ → 比較回路 → $f_{A>B}$ → $f_{A=B}$ → $f_{A<B}$

$B \begin{cases} B_1 \\ B_0 \end{cases}$

章末解図 21 比較回路

① $A > B$ の場合

A_1A_0＼B_1B_0	00	01	11	10
00				
01	1			
11	1	1		1
10	1	1		

$$f_{A>B} = A_1 \cdot \overline{B_1} + A_0 \cdot \overline{B_1} \cdot \overline{B_0} + A_1 \cdot A_0 \cdot \overline{B_0}$$

② $A < B$ の場合

A_1A_0＼B_1B_0	00	01	11	10
00		1	1	1
01			1	1
11				
10			1	

$$f_{A<B} = \overline{A_1} \cdot B_1 + \overline{A_1} \cdot \overline{A_0} \cdot B_0 + \overline{A_0} \cdot B_1 \cdot B_0$$

③ $A = B$ の場合

$$f_{A=B} = \overline{f_{A>B} + f_{A<B}}$$

よって，2ビット比較回路は**章末解図22**のように構成できる．

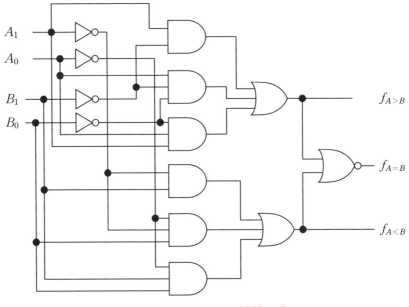

章末解図 22 2 ビット比較回路

2 (1) 誤り，正しくは 0001111 (2) 誤り，正しくは 1010101

3 真理表から，$f_1 = A \cdot B$, $f_2 = A \cdot \overline{B}$ と表される．よって，論理回路は下図のように構成される．

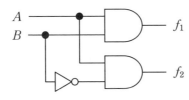

章末解図 23 マルチプレクサ

4

パリティ
ビット

D_3
D_2
D_1
D_0

誤りなし：0
誤りあり：1

章末解図24 4ビット奇数パリティチェック回路

5

D_3
D_2
D_1
D_0

偶数パリティ

章末解図25 4ビット偶数パリティジェネレータ

＜第7章＞

1 (1)   1110
    + 0011
    ―――――
    10001

(2)   1011
    + 0111
    ―――――
    10010

(3)   1111
    + 0111
    ―――――
    10110

2 $C = A \cdot B$, $S = A \oplus B$ と表せるので，半加算器は，ANDゲートとXORゲートを用いて構成できる．

3

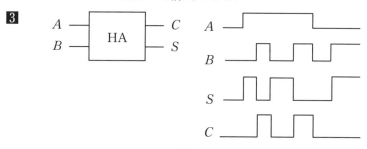

章末解図26

4 (1) 減数 1010 の 2 の補数は 0101 ＋ 1 ＝ 0110 となり，これを被減数に加えることで減算が行われる．よって，

$$\begin{array}{r} 1111 \\ +\ 0110 \\ \hline 0101 \end{array}$$

となる．

(2) 減数 01100 の 2 の補数は 10011 ＋ 1 ＝ 10100 となり，これを被減数に加える．

$$\begin{array}{r} 10001 \\ +\ 10100 \\ \hline 00101 \end{array}$$

(3) 減数 000111 の 2 の補数は 111000 ＋ 1 ＝ 111001 となり，これを被減数に加える．

$$\begin{array}{r} 110011 \\ +\ 111001 \\ \hline 101100 \end{array}$$

5

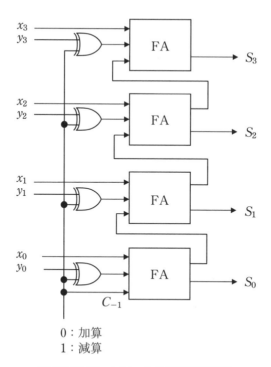

0：加算
1：減算

章末解図 27 4 ビット並列加減算回路

6 10 進数の 6 は 2 進数では 110, 4 は 100 となる.

$$
\begin{array}{r}
110 \\
\times\ 100 \\
\hline
000 \\
000 \\
110 \\
\hline
11000
\end{array}
$$

乗算結果の 11000_2 は 10 進数で 24 を表す.

7 この真理値表から, 桁上げ出力 C は次の式で表される.

$$C = \overline{A} \cdot B \cdot C_{-1} + A \cdot \overline{B} \cdot C_{-1} + A \cdot B \cdot \overline{C}_{-1} + A \cdot B \cdot C_{-1}$$

これをカルノー図を用いて簡単化すると, $C = A \cdot B + B \cdot C_{-1}$

$+ C_{-1} \cdot A$ が得られる.

$\diagdown$ C_{-1} AB	0	1
00		
01		①
11	①	①
10		①

章末解図 28 カルノー図

次に和 S は以下のように表される.

$$S = \overline{A} \cdot \overline{B} \cdot C_{-1} + \overline{A} \cdot B \cdot \overline{C_{-1}} + A \cdot \overline{B} \cdot \overline{C_{-1}} + A \cdot B \cdot C_{-1}$$

しかし,和はカルノー図を用いても簡単化できないので式の変形を利用して整理する.

$$S = C_{-1} \cdot (\overline{A} \cdot \overline{B} + A \cdot B) + \overline{C_{-1}} \cdot (\overline{A} \cdot B + A \cdot \overline{B})$$
$$= C_{-1} \cdot (\overline{A \oplus B}) + \overline{C_{-1}} \cdot (A \oplus B) = (A \oplus B) \oplus C_{-1}$$

以上の結果から,**章末解図 29** のように S は排他的論理和,C は多数決回路で構成できる.

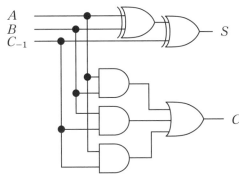

章末解図 29 全加算器

8 (1)

章末解表 5

入力		出力
A	B	f
0	0	1
0	1	0
1	0	0
1	1	1

(2) $f = \overline{A} \cdot \overline{B} + A \cdot B$

(3)

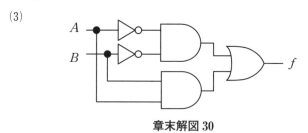

章末解図 30

(4)

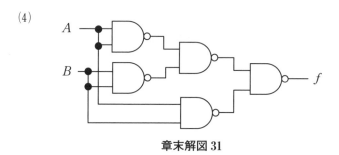

章末解図 31

<＜第8章＞>

1

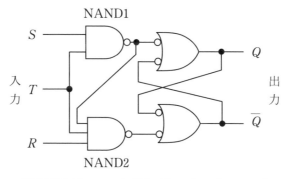

章末解図 32　セット優先 RS フリップフロップ

　章末解図 32 において，$S = 1$，$R = 1$ のとき，クロックパルス T が 1 になると，NAND1 の出力は $\overline{S \cdot T} = \overline{1 \cdot 1} = 0$，NAND2 の出力は $\overline{R \cdot T \cdot \overline{S \cdot T}} = \overline{1 \cdot 1 \cdot \overline{1 \cdot 1}} = 1$ となる．したがって，その後は NAND ゲートを用いた RS フリップフロップと同じ結果となり，$Q = 1$，$\overline{Q} = 0$ となる．すなわち，S と R がともに 1 であっても $Q = 1$，$\overline{Q} = 0$ となるセット優先 RST フリップフロップである．

2

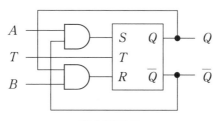

章末解図 33

上図の回路において，入力 A，B に対して出力 Q と $\overline{Q}$ は以下のようになり，それをタイムチャートで表す．

時刻 t_1：$A = 0, B = 0 \to A\overline{Q} = 0, BQ = 0 \to S = 0, R = 0 \to Q = 1, \overline{Q} = 0$

時刻 t_2：$A = 1, B = 0 \to A\overline{Q} = 0, BQ = 0 \to S = 0, R = 0 \to Q = 1, \overline{Q} = 0$

時刻 t_3：$A = 0, B = 1 \to A\overline{Q} = 0, BQ = 1 \to S = 0, R = 1 \to Q = 0, \overline{Q} = 1$

時刻 t_4：$A = 1, B = 0 \to A\overline{Q} = 1, BQ = 0 \to S = 1, R = 0 \to Q = 1, \overline{Q} = 0$

時刻 t_5：$A = 0, B = 0 \to A\overline{Q} = 0, BQ = 0 \to S = 0, R = 0 \to Q = 1, \overline{Q} = 0$

時刻 t_6：$A = 1, B = 1 \to A\overline{Q} = 0, BQ = 1 \to S = 0, R = 1 \to Q = 0, \overline{Q} = 1$

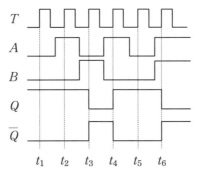

3 Dフリップフロップ……クロックの立上りに同期して入力 D の値が出力 Q に保持される.

Dラッチ……クロック（イネーブルまたはゲート）が1のとき，入力 D の値がそのまま Q に出力される. また，クロックが0のときは，入力 D が変化しても Q は変化しない.

4 組合せ回路……出力が現在の入力のみで決定される論理回路

順序回路……過去の入力系列が記憶されていて，その状態と現在の入力によって出力と新しい記憶状態が決定される論理回路

5 状態遷移表は**章末解表6**のように表せる.

章末解表6

現在の状態	次の状態 Q'		出力 Z	
Q	入力 x		入力 x	
	0	1	0	1
0	0	1	1	0
1	0	1	0	1

① Q'

Q ＼ x	0	1
0		(1)
1		(1)

$$Q' = x$$

② Z

Q ＼ x	0	1
0	1	
1		1

$$Z = \overline{x} \cdot \overline{Q} + x \cdot Q = \overline{x \oplus Q}$$

回路図を**章末解図 34**に示す.

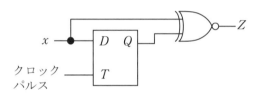

章末解図 34 順序回路

6 100 円硬貨を入れたか否かを入力変数 x で表し, ドリンクを出すか否かを出力関数 z で表す. この動作を表す状態遷移図は**章末解図 35**のように表せる.

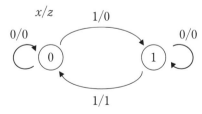

章末解図 35 状態遷移図

状態遷移表は**章末解表 7**のように書ける.

章末解表 7 状態遷移表

現在の状態	次の状態 Q'		出力 Z	
Q	入力 x		入力 x	
	0	1	0	1
0	0	1	0	0
1	1	0	0	1

① Q'

Q \ x	0	1
0		1
1	1	

$Q' = \overline{x}\cdot Q + x\cdot\overline{Q} = x \oplus Q$ と表すことができるが，一方，Q' を別の視点からみると，x だけに依存することがわかる．すなわち，Q' は x が 0 のとき Q を保持し，x が 1 のとき Q の反転を出力する．したがって，x を J, K に接続すればよいことになる．

② Z

Q \ x	0	1
0		
1		1

$Z = x\cdot Q$

以上の結果から，下記の回路が得られる．

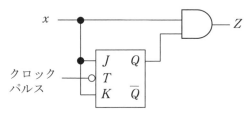

章末解図 36 自動販売機の順序回路

7 章末解表8の状態遷移表からカルノー図を作成し，**章末解図37**の順序回路が得られる．

(1) **章末解表8** 状態遷移表

現在の状態		次の状態 $Q_1'Q_0'$		出力 Z	
Q_1	Q_0	入力 x		入力 x	
		0	1	0	1
$q_0:0$	0	$q_0:00$	$q_1:01$	0	1
$q_1:0$	1	$q_2:10$	$q_3:11$	0	0
$q_2:1$	0	$q_3:11$	$q_2:10$	1	1
$q_3:1$	1	$q_1:01$	$q_0:00$	0	0

(2)

① Q_1'

Q_1Q_0 ＼ x	0	1
00		
01	1	1
11		
10	1	1

$$Q_1' = \overline{Q_1}\cdot Q_0 + Q_1\cdot\overline{Q_0} = Q_1 \oplus Q_0$$

② Q_0'

Q_1Q_0 ＼ x	0	1
00		1
01		1
11	1	
10	1	

$$Q_0' = x\cdot\overline{Q_1} + \overline{x}\cdot Q_1 = x \oplus Q_1$$

③　Z

Q_1Q_0 ＼ x	0	1
00		(1)
01		
11		
10	(1)	(1)

$$Z = x \cdot \overline{Q}_0 + Q_1 \cdot \overline{Q}_0 = (x + Q_1) \cdot \overline{Q}_0$$

(3)

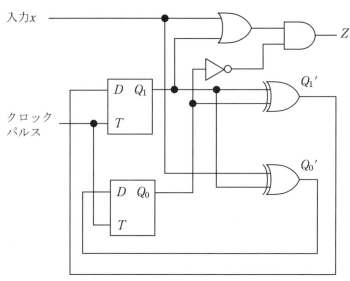

入力x

クロック
パルス

Z

Q_1'

Q_0'

D Q_1

T

D Q_0

T

章末解図 37　順序回路

＜第9章＞

1　非同期式カウンタ……前段のフリップフロップの出力変化が次段のフリップフロップの動作のトリガとなるカウンタ

同期式カウンタ……クロック入力に対し，出力変化が同時になるように，すべてのフリップフロップを共通のクロックで同時制御で

きるように構成したカウンタ

2 非同期式 10 進カウンタでは，出力 Q_3，Q_2，Q_1，Q_0 に対応して
カウントが $0000 \rightarrow 0001 \rightarrow \cdots\cdots \rightarrow 1001$ と行われるが，その次の
1010 の出力と同時に強制的に 0000 にする必要がある．そのために，
Q_3 と Q_1 の信号を NAND ゲートの入力信号とする．これにより，
$Q_3 = 1$，$Q_1 = 1$ のときに限って NAND ゲートの出力は 0 となる．
この出力を各フリップフロップのクリア端子に加えることで強制的
にすべての出力が 0 になる．その後はクロックパルスが立下がるご
とに $0001 \rightarrow 0010 \rightarrow$ とカウントアップしていく．**章末解図 38** に非
同期式 10 進カウンタを示す．

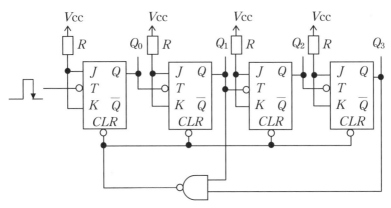

章末解図 38 非同期式 10 進カウンタ

3 同期式 10 進カウンタの場合は非同期式と異なり，各桁の出力 Q_3，
Q_2，Q_1，Q_0 に対応してカウントが $0000 \rightarrow 0001 \rightarrow \cdots\cdots \rightarrow 1001$ と 10
進数の 9 をカウントした時点で，入力 J，K に何らかの操作をして
カウンタの出力を次のクロックパルスで 0000 に戻す必要がある．
これを実現するための特性表と操作表を以下に示す．ここで "進め
ない" とは，そのビットを保持することを意味している．すなわち，

カウント9のときのそのビットを保持すればよいので J, K ともに0を加えればよい。何も操作を行わないと Q_1 は1に変化する。また、"進める"場合はビットを反転すればよいので、9のデコード出力で OR ゲートの出力を1にし、それを J と K に加えている。この操作を行わないと Q_3 は1のままとなる。さらに、"そのまま"という場合が Q_0 と Q_2 にある。Q_0 を出力とするフリップフロップの入力 J, K にはともに1を加えればよい。一方、Q_2 を持つフリップフロップの入力 J, K には、前段のすべての出力の AND をとり、その出力を加えればよい。

章末解表9 特性表と操作表

ビット＼カウント	Q_0 2^0	Q_1 2^1	Q_2 2^2	Q_3 2^3
0	0	0	0	0
1	1	0	0	0
2	0	1	0	0
3	1	1	0	0
4	0	0	1	0
5	1	0	1	0
6	0	1	1	0
7	1	1	1	0
8	0	0	0	1
9	1	0	0	1
操作	そのまま	進めない	そのまま	進める

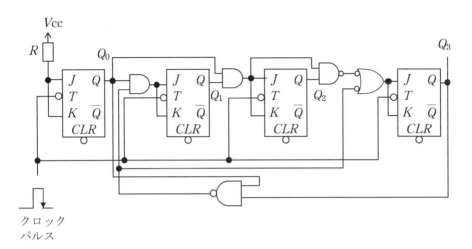

章末解図 39 同期式 10 進カウンタ

4 初めに各フリップフロップはクリアされているものとする. クロック入力を操作した例を**章末解図 40** に示す. 出力 Q, Q_0 が非同期式 4 進カウンタの出力.

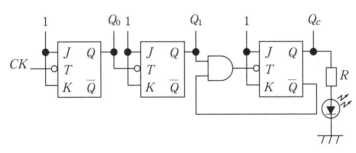

章末解図 40 回路

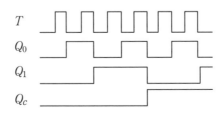

5 初めに各フリップフロップはクリアされているものとする. J, K 入力を操作した例を**章末解図 41** に示す. Q_0 が 2 進カウンタの出力.

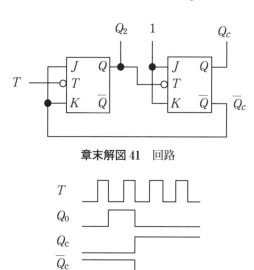

章末解図 41 回路

6

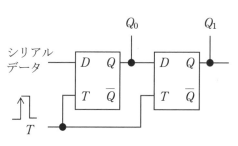

章末解図 42

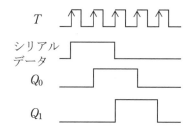

　タイムチャートで示したように，データがクロックパルスの立上りに同期して Q_0 から Q_1 へシフトする．2ビットシフトレジスタの回路を表している．

7

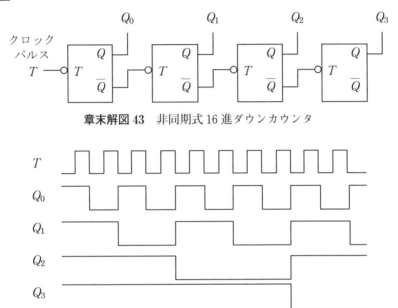

章末解図 43　非同期式16進ダウンカウンタ

<第10章>

1　3ビットリングカウンタの状態遷移表を**章末解表 10**に，設計した回路を**章末解図 44**に示す．

章末解表 10　状態遷移表

$t = n$			$t = n + 1$		
Q_2	Q_1	Q_0	Q_2	Q_1	Q_0
0	0	1	0	1	0
0	1	0	1	0	0
1	0	0	0	0	1

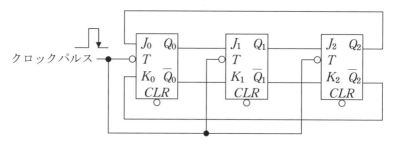

章末解図 44 3 ビットリングカウンタ

2 6 進カウンタを構成するためには，3 個の JK フリップフロップ
を必要とする．初段のフリップフロップの J，K 入力を J_0，K_0，2
段目を J_1，K_1，3 段目を J_2，K_2 とする．同期式カウンタなので，
クロックパルスはすべてのフリップフロップに共通に加えられる．

章末解表 11 は $t = n$ の時点で出力が Q_n であるとき，次のクロッ
ク $t = n + 1$ で状態 Q_{n+1} に変化するために必要な J と K を表し
ている．この表で，＊は 0 または 1 のいずれでも同じ結果が得られ
ることを表している．

章末解表 11 出力変化と入力条件

出力変化		入力条件	
$t = n$	$t = n + 1$	$t = n$	
Q_n	Q_{n+1}	J_n	K_n
0	0	0	＊
0	1	1	＊
1	0	＊	1
1	1	＊	0

＊：0 または 1 のいずれでも OK（don't care）

同期式 6 進カウンタの動作表を**章末解表 12** に示す．

章末解表 12 同期式 6 進カウンタの動作表

カウント	$t=n$			入力条件						$t=n+1$		
	Q_2	Q_1	Q_0	J_2	K_2	J_1	K_1	J_0	K_0	Q_2	Q_1	Q_0
0	0	0	0	0	*	0	*	1	*	0	0	1
1	0	0	1	0	*	1	*	*	1	0	1	0
2	0	1	0	0	*	*	0	1	*	0	1	1
3	0	1	1	1	*	*	1	*	1	1	0	0
4	1	0	0	*	0	0	*	1	*	1	0	1
5	1	0	1	*	1	0	*	*	1	0	0	0
6	1	1	0	\}無効組合せ								
7	1	1	1									

　動作表から，J_2, K_2, J_1, K_1, J_0, K_0 がそれぞれ 1 となる場合に着目して得られる入力方程式は以下のようになる．

$$J_2 = \overline{Q_2} \cdot Q_1 \cdot Q_0$$

$$K_2 = Q_2 \cdot \overline{Q_1} \cdot Q_0$$

$$J_1 = \overline{Q_2} \cdot \overline{Q_1} \cdot Q_0$$

$$K_1 = \overline{Q_2} \cdot Q_1 \cdot Q_0$$

$$J_0 = \overline{Q_2} \cdot \overline{Q_1} \cdot \overline{Q_0} + \overline{Q_2} \cdot Q_1 \cdot \overline{Q_0} + Q_2 \cdot \overline{Q_1} \cdot \overline{Q_0}$$

$$K_0 = \overline{Q_2} \cdot \overline{Q_1} \cdot Q_0 + \overline{Q_2} \cdot Q_1 \cdot Q_0 + Q_2 \cdot \overline{Q_1} \cdot Q_0$$

　これらの入力方程式をカルノー図を用いて簡単化する．カルノー図で，＊は入力が 0 か 1 のいずれでも必要な出力が得られる状態を，また X は 6 進カウンタで起こり得ない無効組合せを表している．

Q_2Q_1 \\ Q_0	0	1
00		
01		1
11	X	X
10	*	*

（a）J_2 について

Q_2Q_1 \\ Q_0	0	1
00	*	*
01	*	*
11	X	X
10		1

（b）K_2 について

Q_2Q_1 \\ Q_0	0	1
00		1
01	*	*
11	X	X
10		

（c）J_1 について

Q_2Q_1 \\ Q_0	0	1
00	*	*
01		1
11	X	X
10	*	*

（d）K_1 について

Q_2Q_1 \\ Q_0	0	1
00	1	*
01	1	*
11	X	X
10	1	*

（e）J_0 について

Q_2Q_1 \\ Q_0	0	1
00	*	1
01	*	1
11	X	X
10	*	1

（f）K_0 について

章末解図 45　同期式 6 進カウンタのカルノー図

章末解図 45 のカルノー図をもとに，簡単化された論理式は次のようになる．

$$\begin{cases} J_2 = Q_1 \cdot Q_0, \ \ K_2 = Q_0 \\ J_1 = \overline{Q_2} \cdot Q_0, \ \ K_1 = Q_0 \\ J_0 = 1, \ \ K_0 = 1 \end{cases}$$

この結果から，同期式 6 進カウンタの回路は**章末解図 46** のように構成できる．

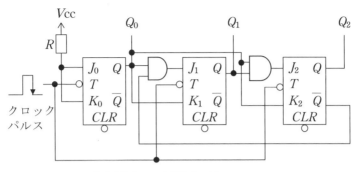

章末解図 46　同期式 6 進カウンタ

3

章末解表 13　6 進カウンタの動作表

カウント	$t = n$			$t = n + 1$		
	Q_2	Q_1	Q_0	Q_2	Q_1	Q_0
0	0	0	0	0	0	1
1	0	0	1	0	1	0
2	0	1	0	0	1	1
3	0	1	1	1	0	0
4	1	0	0	1	0	1
5	1	0	1	0	0	0
6	1	1	0	無効組合せ		
7	1	1	1			

　この動作表の $t = n + 1$ の時点で出力が 1 になる場合を調べ，各フリップフロップの特性を表す応用方程式をカルノー図を用いて求める．このカルノー図で，＊は入力が 0 か 1 のいずれでも必要な出力が得られる状態を，また X は 6 進カウンタで起こり得ない無効組合せを表している．

第1章　第2章　第3章　第4章　第5章　第6章　第7章　第8章　第9章　第10章　第11章　第12章　章末問題解答

① $Q_{2 (n + 1)}$

Q_2Q_1 \ Q_0	0	1
00		
01		①
11	X	X
10	1	

$Q_{2(n + 1)} = \overline{Q_0} \cdot Q_2 + Q_1 \cdot Q_0 \cdot \overline{Q_2}$

よって，$J_2 = Q_1 \cdot Q_0, \ K_2 = Q_0$

② $Q_{1(n + 1)}$

Q_2Q_1 \ Q_0	0	1
00	1	
01	1	
11	X	X
10	1	

$Q_{1(n + 1)} = \overline{Q_0} \cdot Q_1 + \overline{Q_2} \cdot Q_0 \cdot \overline{Q_1}$

よって，$J_1 = \overline{Q_2} \cdot Q_0, \ K_1 = Q_0$

③ $Q_{0(n + 1)}$

Q_2Q_1 \ Q_0	0	1
00	1	
01	1	
11	X	X
10	1	

$Q_{0(n + 1)} = 0 \cdot Q_0 + 1 \cdot \overline{Q_0}$

よって，$J_0 = 1, \ K_0 = 1$

以上の結果，特性方程式を用いた同期式6進カウンタは，入力条件による場合と同様の**章末解図46**の回路となる．

＜第11章＞

1

A/Dコンバータ

- ・マイコン内蔵の洗濯機，炊飯器，冷蔵庫などに使用されているセンサはA/D変換で値を読み取っている．
- ・楽器の演奏や歌をCDにするときに使用される．
- ・デジタルカメラの撮像素子がレンズから入った光を電気信号（アナログ信号）に置き換え，この信号をコンピュータで処理するためにディジタル信号に変換する．
- ・エアコンは，温度センサからのアナログ信号をA/Dコンバータでディジタル信号に変換して温度制御を行っている．

D/Aコンバータ

- ・CDやDVDなどに記録された信号を再生して，音や映像に変換するのに用いられる．
- ・コンピュータから出力されるディジタル信号を電気信号（アナログ信号）に置き換え，電圧計や電流計で測定したり，モータを駆動させる場合に用いられる．

2
入力電圧 V_i とD/Aコンバータの出力電圧 V_A を比較し，その結果を逐次比較レジスタに送る．

3
標本化とは，アナログ量をディジタル化するために，適当な時間間隔で取り出すこと．

量子化とは，標本化で取り出したアナログ値を離散的なディジタル値（0と1で表現）に変換すること．

4 アナログ入力に $V_i = 14.5\,\mathrm{V}$ が入力されると,以下の手順で処理が行われる.

① 逐次比較レジスタの Q_3 から信号 1 を,Q_2, Q_1, Q_0 からはすべて 0 を出力する.

② D/A コンバータは,入力信号 $(Q_3, Q_2, Q_1, Q_0) = (1, 0, 0, 0)$ に対応するアナログ電圧 $V_A = 8\,\mathrm{V}$ をコンパレータに出力する.

③ コンパレータは,V_i と V_A を比較し,$V_i > V_A$ なので $Q_3 = 1$ を 2 進数データとして出力する.

④ 逐次比較レジスタの Q_2 から信号 1 を出力する.$Q_3 = 1$ はすでに決定されている.

⑤ D/A コンバータは,入力信号 $(Q_3, Q_2, Q_1, Q_0) = (1, 1, 0, 0)$ に対応するアナログ電圧 $V_A = 12\,\mathrm{V}$ をコンパレータに出力する.

⑥ コンパレータは,$V_i = 14.5\,\mathrm{V}$ と V_A を比較し,$V_i > V_A$ なので $Q_2 = 1$ を 2 進数データとして出力する.

⑦ 逐次比較レジスタの Q_1 から信号 1 を出力する.$Q_3 = 1$, $Q_2 = 1$ はすでに決定されている.

⑧ D/A コンバータは,入力信号 $(Q_3, Q_2, Q_1, Q_0) = (1, 1, 1, 0)$ に対応するアナログ電圧 $V_A = 14\,\mathrm{V}$ をコンパレータに出力する.

⑨ コンパレータは,$V_i = 14.5\,\mathrm{V}$ と V_A を比較し,$V_i > V_A$ なので $Q_1 = 1$ を 2 進数データとして出力する.

⑩ 逐次比較レジスタの Q_0 から信号 1 を出力する.$Q_3 = 1$, $Q_2 = 1$, $Q_1 = 0$ はすでに決定されている.

⑪ D/A コンバータは,入力信号 $(Q_3, Q_2, Q_1, Q_0) = (1, 1, 1, 1)$ に対応するアナログ電圧 $V_A = 15\,\mathrm{V}$ をコンパレータに出力する.

⑫ コンパレータは,$V_i = 14.5\,\mathrm{V}$ と V_A を比較し,$V_i < V_A$ なので $Q_0 = 0$ を 2 進数データとして出力する.

以上で,変換サイクルは終了する.ディジタル出力は,$(Q_3, Q_2,$

$Q_1,\,Q_0)=(1,1,1,0)$ となり，アナログ入力電圧が近似的にディジタル値に変換される.

5 出力電圧がゼロになるのを検知する働きをする.

6 D/A コンバータの分解能は，変換ビット数で決まる. 10 ビットの場合，フルスケールで $2^{10}=1024$ となり，その最小振幅は正負符号を含めた全振幅の $\dfrac{1}{1024}$ となる. 最大の入力電圧範囲が 1 V だった場合，約 $0.00098\,\mathrm{V}=0.98\,\mathrm{mV}$ まで判別できる.

7 8 ビットは $2^8=256$ であるから，分解能は 10 V を 256 で割ればよい.

$$\frac{10}{256}=0.039\,\mathrm{V}$$

8 クロック周波数 100 MHz の周期は $\dfrac{1}{100\times10^6}=0.01\,\mu\mathrm{s}$ である. この時間で 1 ビット変換されるので，16 ビットでは $0.01\times16=0.16\,\mu\mathrm{s}$ となる.

＜第 12 章＞

1 集積回路の大規模化に伴い，ハードウェア記述言語を用いたディジタル回路設計は重要な技術となっている. 回路図入力と比較して回路変更が容易である. 文字で表現するため，文書ファイル化や再利用の点で有効である. 実現する具体的な回路を考えずに，動作だけを記述することでハードウェアの動作を定義できるので，プログラミングの手法を用いてハードウェアの設計を行うことができる.

2 マイクロプロセッサのように少品種で大量に製造する場合は，専用の LSI 設計が適している.

一方，少量多品種を必要とする用途では，専用 LSI を開発することは費用対効果の点でも適切とは言えない. FPGA は，少量多

品種にも対応できるように開発されたゲートアレイで，その高速化，大容量化，低コスト化に伴い，家電製品，通信分野，航空宇宙分野，ロボット制御分野などに導入されている．ハードウェア記述言語として，VHDL や Verilog HDL の登場と相まって，再書き込みが特長でもある FPGA が広く用いられるようになってきている．

3 (a) ASIC (b) PLD (c) CPLD (d) FPGA

＜引用・参考文献＞

1. 亀山充隆：ディジタルコンピューティングシステム，昭晃堂，1999 年 11 月 30 日

2. 樋口龍雄，鹿股昭雄：理工系のためのマイクロコンピュータ，昭晃堂，1987 年 3 月 10 日

3. 武田行松：デジタルの話，日本電気文化センター，1983 年 3 月 25 日

4. 秋田純一：ゼロから学ぶディジタル論理回路，講談社，2003 年 7 月 30 日

5. 伊原充博，若海弘夫，吉沢昌純：ディジタル回路，コロナ社，1999 年 7 月 2 日

6. ディジタル技術研究会編：例解　ディジタル回路，コロナ社，1991 年 3 月 20 日

7. 岡本卓爾，森川良孝，佐藤洋一郎：入門ディジタル回路，朝倉書店，2001 年 4 月 10 日

8. 湯田春雄，堀端孝俊：しっかり学べる基礎ディジタル回路，森北出版，2006 年 2 月 23 日

9. 浅井秀樹：ディジタル回路演習ノート，コロナ社，2001 年 10 月 5 日

10. 高野政道：図説　ディジタル IC 回路入門，廣済堂産報出版，1984 年 8 月 1 日

11. 岡村廸夫：解析　ディジタル回路，CQ 出版社，1976 年 5 月 15 日

12. 春日健，舘泉雄治：計算機システム（改訂版），コロナ社，2016 年 4 月 25 日

13. 稲垣康善編：論理回路とオートマトン，オーム社，1998 年 1 月 20 日

14. 西野聰：IC 論理回路入門，日刊工業新聞社，1979 年 4 月 30 日

15. 並木秀明：ゼロからわかるデジタル回路超入門，技術評論社，2007 年 12 月 25 日

16. 髙橋寛監修，内山明治，堀江俊明：絵ときでわかるディジタル回路，オーム社，2000 年 5 月 20 日

17. Roger L. Tokheim 著，村崎憲雄，青木正喜，秋谷昌宏，涌井秀治共訳：マグロウヒル大学演習 ディジタル回路（改訂 2 版），オーム社，2001 年 3 月 20 日

18. 江端克彦，久津輪敏郎：ディジタル回路設計，共立出版，1997 年 4 月 10 日

19. 鈴木八十二，吉田正廣：パルス・ディジタル回路入門，日刊工業新聞社，2001 年 7 月 26 日

20. 島田正治，穂刈治英，安川博，塩田宏明：ディジタル電子回路，朝倉書店，1999 年 3 月 20 日

21. 松山泰男，富沢孝：VLSI 設計入門，共立出版，1983 年 12 月 1 日

22. 田所嘉昭編著：ディジタル回路，オーム社，2008 年 10 月 25 日

23. 向殿政男，笹尾勤：スイッチング理論演習，朝倉書店，1984 年 5 月 20 日

24. 南谷崇：論理回路の基礎，サイエンス社，2009 年 4 月 25 日

25. 岩出秀平：明快解説・箇条書式ディジタル回路 [第 2 版]，ムイスリ出版，2012 年 3 月 24 日

26. 岩本洋監修，堀桂太郎著：絵ときディジタル回路入門早わかり，オーム社，2002 年 1 月 20 日

27. 吉田夏彦：デジタル思考とアナログ思考，日本放送出版協会，1990 年 8 月 20 日

28. 関口芳廣：D-A，A-D インタフェース技術，日本放送出版協会，1986 年 12 月 20 日

29. 河内洋二，永田博義：― AND 回路からコンピュータ製作まで―実験で学ぶディジタル回路，啓学出版，1977 年 8 月 10 日

30. 小林芳直：ディジタル回路テイクオフ指南，CQ 出版社，1990 年 1 月 1 日

31. Stephen Brown, Zvonko Vranesic ： Fundamental of Digital Logic with VHDL Design, Third Edition, The McGraw−Hill Companies，2009 年

32. 築山修治，神戸尚志，福井正博：ビジュアルに学ぶ ディジタル回路設計，コロナ社，2010 年 4 月 23 日

33. 木村誠聡：ディジタル電子回路，数理工学社，2012 年 5 月 25 日

34. 猪飼國夫：ディジタル・システムの設計，CQ 出版社，1972 年 6 月 10 日

35. 相原恒博，高松雄三：論理設計入門，日新出版，1984 年 12 月 10 日

36. 湯山俊夫：ディジタル IC 回路の設計，CQ 出版社，1986 年 3 月 15 日

37. 大浜庄司：図解シーケンス ディジタル回路の考え方・読み方，東京電機大学出版局，1987 年 11 月 30 日

38. 田所嘉昭，和田和千，山里敬也，関根敏和，王建青，仲野巧，篠木剛，川人祥二：ディジタル回路，オーム社，2008 年 10 月 25 日

39. 兼田護：VHDL によるディジタル電子回路設計，森北出版，2010 年 2 月 10 日

40. 長谷川裕恭：VHDL によるハードウェア設計入門，CQ 出版社，

1997 年 7 月 20 日

41. 坂巻佳壽美：はじめての VHDL，東京電機大学出版局，2013 年 2 月 20 日

索　引

―― 著 者 略 歴 ――

春日　健（かすが　たけし）

1969年　福島県立会津高等学校卒業
1973年　山形大学工学部電子工学科卒業
1975年　山形大学大学院工学研究科修士課程電気工学専攻修了
　　　　福島工業高等専門学校電気工学科助手
1993年　博士（工学）東北大学
現在，福島工業高等専門学校 名誉教授
テクノアカデミー郡山および東日本国際大学 非常勤講師

改訂新版 よくわかるディジタル回路

2012年12月28日　　第1版第1刷発行
2024年 2 月 9 日　　改訂第1版第1刷発行

著 者　春　日　　　健

発 行 者　田　中　　　聡

発 行 所
株式会社　電 気 書 院
ホームページ　www.denkishoin.co.jp
（振替口座　00190-5-18837）
〒101-0051　東京都千代田区神田神保町1-3ミヤタビル2F
電話(03)5259-9160／FAX(03)5259-9162

印刷　創栄図書印刷株式会社
Printed in Japan／ISBN978-4-485-66563-3